비아북
ViaBook Publisher

차례

6장 강아지가 아픈 것 같아요

7장 자주 걸리는 질병

부록

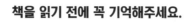

책을 읽기 전에 꼭 기억해주세요.

- 부득이한 상황이 아니라면 언제나 동물병원을 먼저 찾아야 합니다.

- 가까운 동물병원과 24시간 진료가 가능한 동물병원의
  전화번호와 위치를 알아두세요.

- 위급 상황이 생겼을 때는 동물병원으로 전화해
  수의사의 지시에 따라야 합니다.

그럼 책을 읽으러
가볼까요?

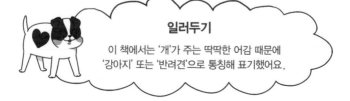

일러두기

이 책에서는 '개'가 주는 딱딱한 어감 때문에
'강아지' 또는 '반려견'으로 통칭해 표기했어요.

1장
강아지 입양

동물을 입양해서 키운다는 것은
그들에게서 즐거움을 얻게 되는 일이기도 하지만,
동물들이 그 수명을 다할 때까지 15~20년의 시간 동안
내 한몸과 지갑을 다 바쳐 헌신해야 하는 일이기도 합니다.

오늘날씨  맑음

오늘은 주인님과 멀리 놀러갔다
신나게 놀고 있었는데 주인님이
사라졌다. 너무너무 무섭다 😣
주인 님 보고 싶어요 미안해요.

저도 강아지를 기를 수 있을까요?

매년 수많은 동물이 유기동물 보호소에서 생을 마감합니다. 동물에게 투자해야 하는 비용, 시간 등을 충분히 고려하지 못해 발생한 심각한 사회문제입니다.

🐾 왜 강아지를 입양하고 싶은지 생각해봤나요?

식기와 사료, 그리고 간식비

다양한 관리 용품과 미용비

장난감과 구비해야 할 시설들까지

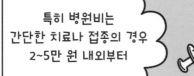

특히 병원비는 간단한 치료나 접종의 경우 2~5만 원 내외부터

응급 질환이나 수술의 경우 30만~몇 백만 원까지

동물의 상태와 입원 기간 등에 따라 부담이 심해질 수 있습니다.

강아지도 혼자만의 공간이 필요해요.

사람의 집이 침실, 거실, 주방 등으로 나뉘어 있듯이 강아지도 충분히 휴식을 취할 수 있는 별도의 공간이 필요합니다. 공간이 좁으면 강아지의 체취와 배설물 냄새로 인해 사람과 생활하는 데 많은 불편이 초래될 수 있습니다.

강아지를 입양했을 때 발생할 수 있는 위험 요소가 있을까요?

강아지도 사람과 똑같아요.
혼자 두면 외로움을 느낍니다.

출근 전과 출근 후, 주말의 시간 들을
강아지에게 할애할 수 있나요?

입양한 강아지를 훈련해
새로운 환경에 적응하게 하는 데는
상당한 시간이 필요합니다.

　어떤 강아지들은 실내에서의 배변 활동이 익숙하지 않아 비가 오나 눈이 오나 항상 밖에 나가 대소변을 봐야 하고, 어떤 강아지들은 아침저녁으로 산책이나 운동을 하지 않으면 하루 종일 짖거나 사람이 없을 때 집 안 물건들을 물어뜯어놓기도 합니다. 반려견의 보호자가 되려면 이러한 불편함을 모두 감수하고 자신의 생활 패턴이 많은 부분 반려견을 책임감 있게 돌보는 데 맞춰져야 함을 잘 인식해야 합니다. 동물들이 가족의 구성원으로서 성공적으로 자리 잡기 위해서는 상당한 노력과 시간이 필요합니다.

강아지 입양

강아지를 입양할 때는 모든 가족의 동의가 필요합니다.

강아지 입양 준비 또한 가족들의 동의와 협조하에 함께 이루어져야 합니다.
새로운 가족이 생기는 일이니까요!

🐾 [동물보호 관리시스템] > [유실유기동물] > [보호 중 동물]에서 쉽게 확인할 수 있습니다.

대개 6주령부터 9개월령까지의 체험이 성견이 되어서의 성향을 좌우하므로 강아지의 유년기에 시간이나 노력을 들여 돌봐줄 수 없다면 어린 강아지를 키우는 것은 무리입니다. 이때는 성견을 입양하는 것을 고려해봅니다.

성견은 유기견 보호소나 임시 보호 후 분양하는 동물보호단체 혹은 지인을 통해 분양받을 수 있습니다. 임시 보호를 하면서 내가 정말 이 친구의 남은 생을 함께할 수 있는지 생각해봅니다. 어느 정도 선까지의 문제를 감당할 수 있을지도 직접 경험하면서 고민하고 결정할 것을 추천합니다.

코가 마르지 않고
콧구멍 밑으로 콧물이
없어야 합니다.

눈 주변으로 눈곱이 없고
깨끗합니다.

탈모나 발적, 딱지와
돌출된 부분이 있으면
피부 질환이 있는 것입니다.

털에 윤기가
있습니다.

귀 끝부분에
탈모가 없으며
귀를 젖혀서 보면
안쪽 면이 깨끗하고
냄새가 없습니다.

정상적으로
단단한 변을 보는 강아지는
엉덩이 주변의 털이
깨끗합니다.

3

강아지의 성장과 사회화

강아지는 태어나서
10일~2주 정도가 지나야
눈을 뜰 수 있어요.

갓 태어난 강아지는 스스로
대소변을 보지 못합니다.

그래서 어미 개가 아기 강아지의
엉덩이를 핥아 대소변이
나올 수 있게 유도해주죠.

엄마는 정말   대단해!

수유 및 분유, 이유식, 사료 급여 시기

생후 한 달 정도부터
어미 젖을 떼고

이유식을 시작합니다.

이유식 만드는 법

아기 강아지용 사료를 믹서에 갈고
강아지 전용 분유를 넣어
미지근한 물에 한데 섞어주세요.

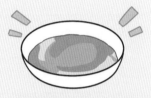

죽과 비슷한 느낌!

이유식을 익숙하게 먹는다면
사료를 미지근한 물에 불려줍니다.

짭짭

물렁해질 때까지
충분히 불려주세요.

오독

6주령부터는
건사료를 먹게 됩니다.

강아지의 사회화 시기

강아지에게 있어 3~14주령은 주변의 사물, 소리, 사람, 환경에 대한 유대를 형성하고 어느 것이 자신에게 안전한지를 배우는 시기입니다. 이때가 강아지의 삶에 있어 가장 중요한 시기라고 할 수 있죠. 강아지들은 동거 동물과 싸움, 추격, 방어 행동과 같은 놀이를 하면서 성숙하게 행동하는 법을 배웁니다. 또 사람과 지내는 법 그리고 지배나 복종 같은 행동들을 학습하고 상호 간에 의사소통하는 방법을 배우게 됩니다. 사람들과 빈번하게 상호 교류할수록 사람과 협력하고 유대하는 방법을 더 많이 익힐 수 있습니다.

처음 낯선 사람과 대면한 강아지는 떨면서 불안해하거나 간식을 주어도 먹지 않고 주변을 빙빙 돌기만 할 수 있어요.

자기보다 몸집이 훨씬 큰 사람을 처음 본다면 무서워할 수도 있겠죠?

칭찬과 따뜻한 말, 간식과 놀이, 조심스러운 터치를 통해 천천히 친해져봐요.

🐾 강아지에게도 시간이 필요해요! 너무 조급해하지 마세요.

어린이와 강아지의 사회화

어린이가 있는 가정이라면 강아지의 사회화에 더 많은 주의를 기울여야 합니다.

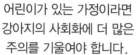

어린이가 강아지를 귀찮게 만지거나, 들어 올리거나, 억지로 끌어안는 행동 등을 하지 않도록 충분히 주의시켜주세요.

강아지는 이런 행동들을 위협적으로 느낄 수 있기 때문에 물림 사고가 일어날 수도 있어요.

강아지가 자기를 제어하고 훈육하는 대상으로 어린이를 보지 않도록 보호자가 충분히 제어해줍니다.

사회화로 긍정적인 경험 만들기

　새로운 경험을 접할 때마다 가장 좋아하는 간식으로 적절한 보상을 해주고 칭찬을 해주면 새로운 환경에 노출되었을 때 긍정적인 감정을 느낄 수 있습니다. 강아지는 보호자의 감정을 쉽게 알아차리므로 강아지에게 언제나 편안한 모습을 보여주세요.

가족 구성원부터
한 명씩 친해져야 합니다.

그다음, 집에서 낯선
사람을 만나 친해지는 연습을 하고

이후 밖에서 만난 낯선 사람과
천천히 인사해보는 연습을 합니다.

처음부터 사람 많은 장소에 가는 것은
오히려 공포심을 조장할 수 있습니다.

강아지가 겁에 질렸을 때의 신체 변화

강아지는 의사소통을 몸짓body language으로 합니다.

귀가 아래로 처지고
눈 마주치는 것을 피합니다.

낑낑거리는 소리를 내거나
으르렁거리고 짖기도 합니다.

으르르릉…

하품을 하거나
코를 혀로 핥습니다.

꼬리를 양 다리 사이로
말아 넣습니다.

침을 흘리고 헐떡거리며
동공이 커집니다.

장과 방광이
의식적으로 조절되지 않아
대변과 소변을 지립니다.

강아지를 가족으로 맞아들일 때의 마음가짐

개는 사람보다 지능이 낮습니다. 그러므로 입양 후 사람과 더불어 살기 위한 여러 가지 교육을 꾸준히 해야 하며 규칙적인 식사 급여와 산책은 필수적으로 이루어져야 합니다. 그러기 위해서는 새로운 동물 가족을 위해 많은 시간을 투자할 각오가 되어 있어야 하며, 입양한 동물이 편하게 쉴 수 있는 공간 또한 미리 준비해야 합니다. 입양 전에 어떤 종류의 동물을 언제부터 입양하여 어디에서 어떤 방법으로 키울 것인지 미리 계획을 짜는 것이 매우 중요합니다.

집 안에서의 문제 행동 예방과
강아지의 스트레스 해소를 위해서

꾸준하고 규칙적으로 산책을 시켜주세요.

천천히 같이 걷고

냄새를 맡게 하고

친구를 만나
인사하게 해주는
거예요.

산책을 꾸준히 해준다면

분명 행복한 강아지가 될 수 있겠죠?

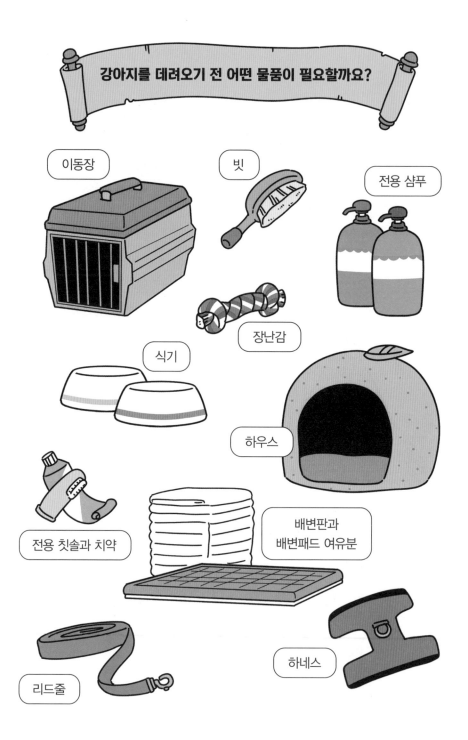

강아지를 데려오기 전 어떤 물품이 필요할까요?

이동장

빗

전용 샴푸

장난감

식기

하우스

전용 칫솔과 치약

배변판과
배변패드 여유분

리드줄

하네스

개와 사람의 나이 비교표

개의 체중	10kg 이하	10~25kg	25kg 이상
개의 나이(년)	사람의 나이(세)		
1	15	15	15
2	24	24	24
3	28	28	28
4	32	32	32
5	36	36	36
6	40	42	45
7	44	47	50
8	48	51	55
9	52	56	61
10	56	60	66
11	60	65	72
12	64	69	77
13	68	74	82
14	72	78	88
15	76	83	93
16	80	87	120

🐾 오랜 시간 아껴줄 준비가 되었나요?

골든레트리버

심장 질환, 지간염, 아토피, 갑상샘 저하증,
인슐린종, 고관절 이형성증, 임파육종,
녹내장, 백내장

그레이트데인

확장성 심근증, 지간염, 모낭충증,
갑상샘 저하증, 백내장

그레이하운드

다발성 관절염, 선천성 난청, 고혈압, 심 비대증

닥스훈트

지간염, 말라세치아 피부염, 음식 알레르기,
갑상샘 저하증, 쿠싱병, 당뇨병,
샅굴 부위서혜부 탈장, 추간판 질환, 지방종,
녹내장, 백내장, 요로결석증, 잠복 고환

달마시안

지간염, 음식 알레르기, 아토피, 선천성 난청,
녹내장, 백내장, 요로결석증

도베르만

확장성 심근증, 급사부정맥으로 추정, 모낭충증,
갑상샘 저하증, 위 확장 및 염전, 만성 간염,
간문맥 단락, 폰 빌레브란트 병, 파보 장염,
지방종, 추간판 질환, 백내장, 만성 비염과 폐렴

라사압소

만성 심장판막 질환, 아토피, 음식 알레르기,
물뇌증수두증, 추간판 질환, 건성 각결막염,
체리아이, 백내장, 요로결석증

**래브라도
레트리버**

지간염, 아토피, 접촉성 피부염, 음식 알레르기,
쿠싱병, 당뇨병, 인슐린종, 만성 간염, 고관절
이형성증, 지방종, 임파육종, 발작, 백내장, 녹내장

	로트바일러	파보 장염, 간염, 다발성 관절염, 고관절 이형성증, 선천성 난청, 제1·2경추 아탈구, 백내장
	말티즈	만성 심장판막 질환, 말라세치아 피부염, 샅굴 부위 탈장, 물뇌증, 저혈당증, 녹내장
	미니핀	머리 부분 탈모, 당뇨병, 녹내장, 백내장, 요로결석증
	보더콜리	선천성 난청, 백내장, 간질, 체리아이, 선천성 근육긴장증
	보스턴테리어	모낭충증, 아토피, 습진, 쿠싱병, 회음 탈장, 물뇌증, 건성 각결막염, 체리아이, 백내장, 단두종 상부 호흡기 증후군
	불테리어	지간염, 모낭충증, 선천성 난청, 신장 질환, 소뇌 아비오트로피
	비글	당뇨병, 만성 간염, 다발성 관절염, 임파육종, 추간판 질환, 발작, 백내장, 녹내장
	비숑프리제	피부 종양, 백내장, 요로결석증
	빠삐용	선천성 난청, 백내장

사모예드 | 당뇨병, 선천성 난청, 백내장, 녹내장

 샤페이 | 모낭충증, 아토피, 음식 알레르기, 습진, 고관절 이형성증, 녹내장, 백내장

 세인트버나드 | 확장성 심근증, 위 확장 및 염전, 고관절 이형성증, 전십자인대 파열, 외측 슬개골 탈구, 임파육종, 선천성 난청, 발작, 백내장

 슈나우저 | 만성 심장판막 질환, 아토피, 음식 알레르기, 코메돈, 갑상샘 저하증, 당뇨병, 담석증, 췌장염, 간 질환, 지방종, 건성 각결막염, 녹내장, 백내장

 시베리아 허스키 | 고혈압, 발작, 백내장, 후두마비

 시츄 | 만성 심장판막 질환, 아토피, 추간판 질환, 안구 돌출, 건성 각결막염, 요로결석증, 기관지 허탈증

 알래스칸 말라뮤트 | 모낭충증, 당뇨병, 갑상샘 저하증, 연골 이형성증, 백내장, 녹내장

 올드잉글리시 쉽독 | 확장성 심근증, 모낭충증, 갑상샘 저하증, 고관절 이형성증, 백내장, 선천성 난청, 요로결석증, 잠복 고환

 요크셔테리어 | 만성 심장판막 질환, 광견병 접종 부위 탈모, 쿠싱병, 지방간, 대퇴골두 괴사, 슬개골 내측 탈구, 앞다리 골절 시 유합 부전, 물뇌증, 건성 각결막염, 백내장, 요로결석증, 잠복 고환, 기관지 허탈증

	웰시코기	백내장, 요로결석증, 척추 디스크, 고관절 이형성증, 폰 빌레브란트 병
	잉글리시불독	지간염, 모낭충증, 습진, 갑상샘 저하증, 고관절 이형성증, 물뇌증, 건성 각결막염, 체리아이, 요로결석증, 난산, 잠복 고환, 단두종 상부 호흡기 증후군
	이탈리언 그레이하운드	귀, 목 아래쪽 탈모, 녹내장, 백내장
	잭러셀테리어	말라세치아 피부염, 당뇨병, 쿠싱병, 슬개골 탈구, 백내장
	저먼셰퍼드	심장 질환, 지간염, 말라세치아 피부염, 음식 알레르기, 인슐린종, 고관절 이형성증, 선천성 난청, 추간판 질환, 발작, 백내장, 요로결석증
	치와와	만성 심장판막 질환, 말라세치아 피부염, 귀 탈모, 항문낭 질환, 후두골 이형성증, 내측 슬개골 탈구, 앞다리 골절 시 유합 부전, 샅굴 부위 탈장, 물뇌증, 제1·2경추 아탈구, 녹내장, 요로결석증, 기관지 허탈증
	코커스패니얼	만성 심장판막 질환, 확장성 심근증, 아토피, 지루성 피부염, 음식 알레르기, 습진, 항문낭 질환, 갑상샘 저하증, 샅굴 부위 탈장, 슬개골 탈구, 만성 간염, 추간판 질환, 건성 각결막염, 녹내장, 백내장, 요로결석증
	콜리	말라세치아 피부염, 세균성 모낭염, 음식 알레르기, 선천성 난청, 백내장

킹찰스
스패니얼

출혈성 위장염, 부분 발작, 백내장

퍼그

아토피, 습진, 외이염, 건성 각결막염, 안구 돌출, 난산, 단두종 상부 호흡기 증후군, 안검 내반증, 백내장

페키니즈

만성 심장판막 질환, 피부 사상균증, 지간염, 출혈성 위장염, 샅굴 부위 및 배꼽 탈장, 추간판 질환, 물뇌증, 건성 각결막염, 백내장, 안구 돌출, 잠복 고환, 단두종 호흡기 증후군

포메라니안

갑상샘 저하증, 내측 슬개골 탈구, 샅굴 부위 탈장, 물뇌증, 제1·2경추 아탈구, 백내장, 잠복 고환, 기관지 허탈증, 동맥관 개존증, 난치성 탈모

포인터

비대성 심근증, 지간염, 다발성 관절염, 전십자인대 파열, 배꼽 탈장, 선천성 난청, 백내장

폭스테리어

아토피, 인슐린종, 선천성 난청, 발작, 녹내장, 백내장

푸들

만성 심장판막 질환, 확장성 심근증, 말라세치아 피부염, 광견병 접종 후 탈모, 계절성 옆구리 탈모, 항문낭 질환, 갑상샘 저하증, 쿠싱병, 당뇨병, 인슐린종, 타액선 점액류, 위 확장 및 염전스탠더드푸들, 출혈성 위장염토이푸들, 미니어처푸들, 담석증, 샅굴 부위 탈장, 내측 슬개골 탈구, 추간판 질환, 발작, 물뇌증, 저혈당증, 제1·2경추 아탈구, 백내장, 요로결석증, 잠복 고환

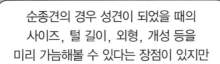

순종견의 경우 성견이 되었을 때의
사이즈, 털 길이, 외형, 개성 등을
미리 가늠해볼 수 있다는 장점이 있지만

품종별로 유전적인 질병이 있어서
예방과 관리가 필요합니다.

믹스견은 다양한 품종이 섞이면서
부모로부터 유전적인
좋은 점을 많이 물려받아
순종견보다 선천적인 질환이나
유전병이 적다는 장점이 있지만

어떤 견종이 선대에 있었는지
알 수 없기 때문에 성장 후의
외형과 개성을 짐작하기 힘듭니다.

2장
예방접종

강아지의 경우 생후 6주가 되면
어미에게서 물려받은 항체가 감소하므로
아픈 증상이 없는 경우에 한해
이때부터 1차 접종을 시작하게 됩니다.

오늘날씨  비

오늘 누나랑 형아가 간식 사준다고
따라오라고 했따 ! 그런데 왜 나한테
거짓말 했어? 나는 아픈 주사 맞았다
아프지 말라고 맞는거 랬따. ><
거짓말!!! 아프잖아 - !!!

1

강아지의 예방접종

어린 강아지일 때 주의해야 할 바이러스로는 홍역 바이러스, 파보바이러스, 간염 바이러스, 파라인플루엔자 바이러스, 코로나 장염 바이러스 등이 있는데 이들은 감염 잠복기가 아닌 이상 철저한 위생 관리와 수의사의 지시에 따른 예방접종, 항체 검사로 대부분 예방이 됩니다.

2

필수 접종 바이러스

홍역 바이러스, 간염 바이러스, 파보바이러스, 파라인플루엔자 바이러스, 렙토스피라 이 다섯 가지 전염성 질병에 대한 백신을 DHPPL이라고 합니다. 흔히 종합 접종이라고 말하며, 2주 간격으로 5회 접종합니다. 2주 후 꼭 항체 검사를 통해 항체가 다 생겼는지 확인한 다음 추가 접종을 언제 할지 정해야 합니다.

홍역
식욕 부진, 콧물, 기침, 구토, 설사, 눈곱이 끼고 안구가 건조해지는 건성 각결막염, 피부염, 기관지염과 폐렴, 고열의 증상이 나타나며, 심한 경우 후유증으로 뇌염에 의한 경련과 발작, 보행 이상이 생기는 매우 위험한 전염병입니다. 치사율 또한 90퍼센트 전후로 매우 높아서 예방접종이 필수이며, 어린 강아지를 입양한 경우 최소 일주일은 집에서 안정을 취한 후 아픈 증상이 없으면 동물병원에 가서 체계적으로 접종을 받도록 합니다.

전염성 간염 바이러스는 아데노바이러스로서 간, 신장, 상피 세포에 침입해 간세포를 손상시킵니다. 또한 신장의 사구체 상피를 파괴하여 사구체 신염을 일으키고 각막에는 부종을 일으키며, 혈관 내피를 손상시켜 파종성 혈관 내 응고를 일으킵니다. 주된 증상은 열, 구토, 설사, 복부 통증, 편도염, 인두염, 경부 림프절의 부종, 기침, 출혈, 신경계 이상 등입니다. 이 전염병은 급성과 만성이 있는데, 급성일 경우 몇 시간 내 사망에 이를 수 있습니다.

급성 간염 / 만성 간염

구토와 설사

눈에 띄는 증상 없음

식욕과 기운 없음

상당히 진행된 후 배에 복수가 차거나 체중이 감소함

눈과 입이 노랗게 변하는 황달

경련

　　개 파보 장염과 고양이 범백혈구 감소증은 파보바이러스parvovirus 에 의해 전염되는 장염 질환으로 개와 고양이 서로에게 전염이 되며, 장염형과 심근형으로 나뉘는데 장염형은 구토, 식욕 부진, 설사, 혈변, 전해질 불균형, 백혈구 감소증, 빈혈 등을 일으키며 심근형의 경우 감염 후 수일 이내 급사하게 됩니다. 바이러스 장염 중에서 치사율이 제일 높기 때문에 전해질 불균형, 백혈구 감소증, 빈혈의 경우 매일 검사 후 상태에 따른 전문적인 치료가 이루어져야 생존율을 높일 수 있습니다. 구토와 설사에 대한 대증 치료와 수액 요법 그리고 전해질 불균형에 대한 치료, 고항혈장 치료 등이 실행되어야 하며 구토와 설사로 먹지 못하고 탈수가 진행되므로 입원 치료가 필수적입니다. 대개 7~10일간 치료받게 됩니다.

감염견 80퍼센트가 기침, 콧물, 재채기, 기관지염이나 폐렴의 증상을 나타낼 수 있으며, 적기에 치료하는 경우 치료율은 높은 편이나 적절한 치료 시기를 놓쳐 폐출혈이 발생하면 죽음에 이르므로 건강한 시기에 미리 예방접종을 하는 것이 가장 안전합니다.

렙토스피라증은 렙토스피라라는 세균이 혈액을 통해 간, 신장, 중추 신경계, 눈, 생식기 등 몸 전신으로 퍼지는 세균 감염증입니다. 감염 초기에는 혈액 내 세균 감염으로 인해 발열 증상이 나타나고, 간과 신장에 감염되면 매우 치명적인 병입니다. 어린 동물의 경우 면역계 발달이 미약해 심한 합병증이 발생할 확률이 매우 큽니다. 렙토스피라증은 인수 공통 질병으로 동물과 사람 간에 서로 전염이 되며 특히 어린이가 감염된 애완동물로부터 전염된 경우 매우 위험한 결과가 초래됩니다.

광견병

광견병 바이러스는 개의 중추 신경계 및 뇌의 회색질에 영향을 미치는 치명적인 바이러스성 회색질 뇌염polioencephalitis을 일으킵니다. 미국의 경우 개를 기르는 사람은 모두 광견병 접종을 1년 혹은 3년 주기로 하도록 법제화되어 있으며, 우리나라 또한 광견병 발생국으로서 강제적이지는 않지만 봄가을마다 지자체와 수의사회를 통해 광견병 접종 캠페인을 벌이고 있습니다.

지나친
공격성

발열과
발작

조화 운동 못함증
(보행 실조)

물을
무서워함

이식증

과도한
흥분

침흘림증이 심하고
거품을 물고 있음

광견병에 걸린 동물은 사람을 물거나 할퀴어 광견병을 옮길 수 있기 때문에 직접 다루려 하지 말고 지자체 동물 담당 부서나 농림축산검역본부에 바로 신고해야 합니다. 광견병 접종을 했으나 유효 기간이 경과한 경우에는 재접종 후 10일간 입원, 격리시켜 병의 진행 여부를 관찰해야 합니다.

3

선택 접종 바이러스

코로나 바이러스 감염증

코로나 바이러스 감염 증상은 다양합니다. 성견에서는 구토와 설사, 식욕 부진, 발열, 기력 저하가 나타나며, 드물게는 가벼운 호흡기 증상도 나타납니다. 자견에서는 지속성 설사가 나타나며 때로는 죽음에 이르기도 합니다. 코로나 바이러스의 가장 흔한 감염 경로는 감염된 강아지의 변에 노출되는 것이며, 1~4일 정도의 잠복기를 거쳐 바이러스 감염 증상이 나타나게 됩니다. 한 번 체내에 침투한 바이러스는 6개월까지 분변을 통해 배출됩니다.

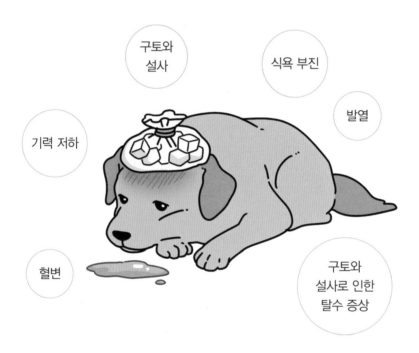

구토와
설사

식욕 부진

발열

기력 저하

혈변

구토와
설사로 인한
탈수 증상

켄넬코프

켄넬코프는 개의 전염성 호흡기 질병에 대한 통칭으로 사용되기도 하나 엄밀히 말하면 보르데텔라bordetella라는 세균에 의해 기도와 기관지에 염증이 발생하는 상태를 말합니다. 강아지들 사이에서 전염성이 아주 높은 호흡기 질환입니다. 자견의 경우 면역 기능이 발달해 있지 않기 때문에 감염 시 극심한 합병증에 시달리기도 하며 임신견이나 노령견 또한 면역력 감퇴로 인해 감염되기 쉬워 빠른 속도로 폐렴으로 발전해 입원 치료를 요하기도 합니다. 증상으로는 지속적인 마른기침, 밤에 잠을 못 자고 기침을 하거나 콧물, 식욕 부진, 발열, 토하는 듯한 행동이 나타나며, 증상이 3주 정도 유지되기도 합니다.

신종플루

고열

기력 저하

콧물과 기침

식욕 부진

개 신종플루에 감염되면 가벼운 경우 콧물과 기침이 나옵니다. 오래가는 경우에는 10~30일 정도 앓게 되고, 중증의 경우 고열과 폐렴이 발생합니다. 개 인플루엔자 바이러스는 폐의 모세 혈관에 영향을 미치므로 기침 시 출혈이 발생하기도 하고 호흡 곤란을 야기하며, 2차 세균 감염으로 인한 세균성 폐렴이 합병증으로 발생하기도 합니다. 그 외에도 눈의 충혈, 재채기, 식욕 부진, 몸살의 증상이 나타납니다.

예방접종 전과 후의 관리

접종 전 콧물, 기침, 설사, 구토 등의 증상이 접종 전에 발생했다면 먼저 아픈 증상을 모두 치료하고 3~7일 이상 아프지 않은 상태를 잘 유지시킨 후 접종해야 합니다.

접종 전에는 강아지의 컨디션을 꼭 확인해요.

만약 컨디션이 좋지 않다면 접종을 다른 날로 미뤄야 합니다.

접종 후 접종 후에는 열이 나서 강아지가 힘들어할 수 있으므로 당일에 한해 산책이나 운동을 하지 않고 귀가하여 쉴 수 있게 합니다. 또한 접종 후 눈꺼풀이나 입술이 붓는 접종 과민 반응을 보이는 경우 바로 동물병원에 가서 치료를 받아야 합니다.

접종 후에는 강아지가 푹 쉴 수 있는 환경을 만들어줘야 합니다.

접종 후 컨디션이 악화되거나 접종 과민 반응이 나타나면 동물병원으로 데려가주세요.

3장
강아지 관리

강아지를 기를 때 필수적으로 알고 있어야 하는 요소 중 하나가

바로 강아지 관리에 대한 지식입니다.

평소 관리에 힘쓰지 않으면 곧 질병으로 이어지기 때문입니다.

오늘 날씨  바람 많음

귀가 찐짜 간지럽다. 그래서 매일매일
긁다가 보니까 딱지가 생긴 것 같다.
엄마빠한테 간지럽다구 그랬는데 ⸜(´-`)⸝
못알아들었나봐. 너무 힘들어요 !!!

이빨 관리

유치가 나는 시기는 견종에 따라 조금 상이합니다. 이르게는 3주, 늦게는 5~6주 령에 잇몸 밖으로 유치가 돌출되어 자라고, 3개월령부터는 영구치가 조금씩 자라 면서 유치가 탈락해 대개 6~8개월령이면 이갈이를 마치게 됩니다. 이 시기가 지났 는데도 빠지지 않은 유치가 있으면 이후에 치열 이상이나 부정 교합, 또는 치아 간 치석이 더 잘 끼는 현상이 발생할 수 있으므로 발치해주는 것이 좋습니다.

강아지는 모두 28개의 유치를 가지고 있습니다. 유치여도 매우 날카로워요!

유치가 모두 빠지는 이갈이 시기가 끝나면 강아지는 무려 42개의 영구치를 가지게 된답니다!

강아지는 이빨 부자!

잇몸에는 많은 모세 혈관들이 발달해 있기 때문에 구강의 위생 상태가 좋지 않으면 치석의 세균으로 인해 잇몸의 염증, 치아의 흔들림과 탈락, 심한 경우 심내막염이나 신부전 등이 발생할 수 있습니다. 가장 좋은 예방법은 규칙적으로 양치질을 해주는 것이고, 식후에 매번 해주는 것이 좋습니다. 양치질이 습관화되지 않으면 보호자를 물거나 피해서 도망 다니는 등 강아지와 보호자 모두 스트레스에 시달리게 되므로 가급적 어릴 때부터 양치하는 습관을 들입니다. 처음에는 거즈나 손가락에 끼우는 실리콘 솔을 이용하고 강아지 전용 치약으로 2~3일에 한 번 정도, 1분이 넘지 않게 양치를 하다가 점차 적응이 되면 횟수를 늘려가는 것이 좋습니다. 매일 닦을 수 없다면 일주일에 2~3회만 닦아도 치석 예방에 도움이 되므로 포기하지 말고 지속적으로 진행하는 것이 좋습니다.

처음에는 손가락으로 입에 맛있는 것을 대주듯이 연습해보세요.

강아지가 좋아하는 맛의 치약을 이용해보세요.

싫어한다면 억지로 하지 않고 그만뒀다가 다시 천천히 시도해봅니다.

손가락이 입 안에서 움직이는 것에 거부감이 사라지면 칫솔을 이용해봅니다.

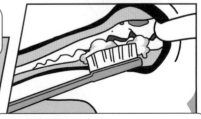

어금니 쪽에 쌓이는 사료 찌꺼기들을 중점적으로 닦아냅니다.

꼭 필요한 성분인 효소enzyme, 실리카silica, 유화제emulsifier, 소르비톨sorbitol이 들어 있는지 확인합니다.

효소는 구강 내 세균을 감소시키는 역할을 합니다.

실리카는 치석을 제거하기 쉽게 해주죠.

유화제는 치석의 형성을 억제하고 소르비톨은 감미제 구실을 합니다.

사람 치약은 불소를 함유하고 있는데 불소 성분이 동물에게는 중독을 일으킬 수 있으니 주의해야 합니다.

치약은 제형에 따라 치아에 소량 바르는 형태,

소량의 액체를 물에 섞는 형태,

가루나 젤 형태로 사료에 뿌려 스스로 먹게 하는 형태가 있지만

제일 효과가 좋은 것은 직접 치약을 칫솔에 발라 칫솔질해주는 것입니다.

강아지가 강하게 거부해 칫솔질이 어려운 경우 바르거나 먹는 형태를 선택하면 됩니다.

　　　　제일 좋은 방법은 매일 양치질을 해주는 것입니다. 강아지의 경우 사람과 달리 치아 바깥 면에 치석이 더 잘 형성되므로 동물과 마주 보았을 때 보이는 면의 치아를 어금니부터 앞니까지 골고루 잘 닦아 주세요. 칫솔을 싫어하면 거즈에 치약을 묻혀 닦아주어도 효과가 좋습니다. 습관 화가 잘 된 강아지의 경우 혀와 닿는 치아 안쪽 면까지 닦을 수 있으면 더 할 나위 없을 것입니다.

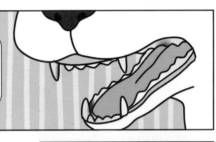

치아 관리를 잘 해주지 못해 치석이 많이 생기면 구취가 심하게 나거나 치아가 많이 흔들리게 됩니다.

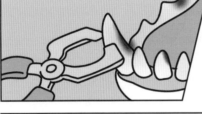

이때는 양치질만으로 해결되지 않기 때문에 스케일링이나 발치를 하게 되는데

동물들은 아픈 순간을 얌전히 참지 못하므로 전신 마취라는 큰 부담을 지게 됩니다.

역시 꾸준한 양치질만이 최고의 치아 관리법입니다.

2

귀 관리

강아지의 귀는 사람과 비교했을 때 이물질이 들어가면 쉽게 배출되지 않는 구조이며 점액 분비 또한 활발하고 습도가 높아 세균이나 곰팡이에 취약하다는 특징이 있습니다. 코커스패니얼이나 슈나우저 등 귀가 크고 덮여 있는 모양이거나 귓속에 털이 많은 견종들에게서 귓병이 흔하게 나타납니다.

귀를 뒷발로 마구 긁는다.
귀 안이 빨갛게 부어올라 있다.
검은 귀지가 많이 나온다.
고름이나 딱지가 있다.
귀에서 고약한 냄새가 난다.

위와 같은 증상들이 있다면 꼭 동물병원에서 진단을 받아보도록 합시다.

귀 진드기

강아지의 귓속에 검정색과 갈색의 분비물이 있고 발로 자주 귀를 긁는다면 귀 진드기를 의심하고 진단을 받아봐야 합니다. 귀 진드기는 외부 기생충 예방약으로 쉽게 예방할 수 있습니다.

귀 진드기는 강아지의 귓속에 서식하며 귀 안쪽 벽에 상처를 냅니다.

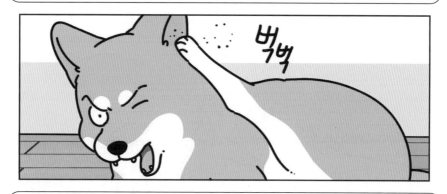

귓속에 난 상처 때문에 가렵고 따가움을 느낀 강아지는 발로 귀를 긁게 되고

귀를 긁는 과정에서 귀벽의 염증이 더 심해지게 됩니다.

❶ 강아지의 귓바퀴 쪽으로
귀 세정제를 충분히 흘려 넣습니다.

❷ 세정제가 귀지를 잘 녹일 수 있게
귀를 주물러줍니다.

❸ 강아지가 세정제를 한 번 털어낼 수 있게 해주세요.

❹ 그 후에 깨끗한 티슈로 강아지의 귀를 살살 닦아냅니다.

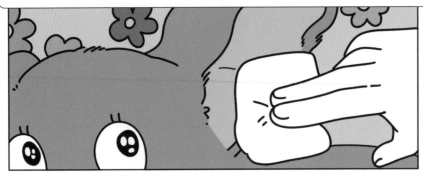

눈 관리

    강아지의 눈은 사람과 마찬가지로 스스로 촉촉함을 유지하기 위해 각막에 눈물을 분비합니다. 눈물은 이물질이나 자극에 반응해 분비되기도 하고, 감정적인 변화나 통증에 의해 분비되기도 합니다.

강아지의 눈과
콧잔등 주변 털이
눈을 찌를 때

털이 눈을 찌르지 못하도록
깔끔하게 관리해줍니다.

음식물과 환경에 의한
알레르기가
눈물을 유발할 때

사료와 간식 들을 바꾸거나 환경을 조절해
알레르기 반응을 예방합니다.

눈물 닦는
방법

눈 세정제나 생리 식염수로
화장 솜을 적신 뒤

안구에 닿지 않게 눈 밑을
살짝 닦아줍니다.

🌸 눈물 자국을 방치하면 염증이 유발될 수 있으니
평소 눈 주변을 깨끗이 관리하고 닦아줍시다!

항문낭 관리

항문낭은 강아지의 항문 안쪽 4시, 8시 방향에 있으며 배변할 때 변이 잘 나오게 하는 윤활 기능과 비릿하고 특이한 냄새로 영역을 표시하는 기능을 합니다.

항문낭 짜는 방법

❶ 화장지를 두껍게 준비하고 강아지의 엉덩이를 사람과 닿지 않는 방향으로 향하게 합니다.

❷ 꼬리를 위로 들어 올립니다.

❸ 항문 아래 4시, 8시 방향을 눌러 살짝 통통한 느낌이 드는 부분을 찾습니다.

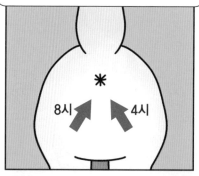

8시 4시

❹ 화장지를 항문에 댄 채 엄지와 검지를 통통한 느낌이 드는 부분 밑으로 넣어 위쪽으로 지그시 눌러줍니다.

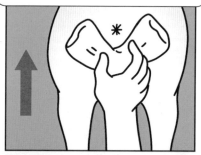

❺ 화장지를 버리고 항문 주변을 닦아주거나 물로 씻깁니다.

🐾 혼자 짜기가 어렵다면 동물병원을 찾아 수의사의 도움을 받는 방법도 있답니다!!

❶ 주기적으로
항문낭을 짜줍니다.

❷ 사료에 호박 퓌레나 고구마와 같은
식이 섬유를 추가해줍니다.

❸ 동물 전용 프로바이오틱스로
장내 유용한 세균을 보강해주면
항문낭액을 스스로 배출하는 데
도움이 됩니다.

❹ 물을 충분히 공급해서
변이 부드럽게 나오도록 하면
항문낭액 배출이 쉬워집니다.

❺ 주기적으로 5~10분 동안
온수에 적신 수건을 항문 주변에 대고
마사지해줍니다.

❻ 규칙적인 산책은 장운동을
활발하게 해 항문낭액 배출이
원활해지도록 돕습니다.

기생충 예방하기

기생충은 기생하는 기간, 기생하는 부위, 숙주 특이성 등에 따라 분류할 수 있습니다. 내부 기생충과 외부 기생충은 그중 기생하는 부위에 따라 분류한 것으로, 숙주의 몸속 소장과 대장, 심장, 간, 폐, 신장, 방광, 눈, 혈액 등에 기생하는 심장사상충, 회충, 편충, 조충, 십이지장충, 간흡충, 지알디아, 트리코모나스, 바베시아, 아나플라스마 등의 내부 기생충과 빈대, 이, 벼룩, 파리, 진드기, 모기와 같이 숙주의 몸 밖 피부에서 일시적 또는 지속적으로 흡혈을 하거나 상한 부위에 알을 낳고 기생하는 외부 기생충으로 나뉩니다.

내·외부 구충은 바르는 약과 먹는 약을 통해 아주 간단하게 이루어집니다.

동물병원에서 몸무게를 잰 후 몸무게에 맞는 용량의 약을 구매하고

한 달에 한 번 정해진 날에 내·외부 구충을 합니다.

발정과 관리

암컷 강아지의 발정은 발정 전기, 발정기, 발정 후기, 휴지기의 총 4단계로 나뉩니다.

1. 발정 전기

발정 전기에는 수컷 강아지에게 관심을 보일 수 있지만 짝짓기를 허용하는 단계는 아닙니다. 다른 강아지나 사람에게 날카롭게 굴기도 합니다. 식욕이나 체온의 변화도 나타나는데, 몸에서 추가적인 에너지를 요구함에 따라 식욕과 체온이 증가하는 것이 대부분이지만 드물게 활력이 떨어지면서 식욕이 같이 떨어지는 경우도 있습니다.

2. 발정기

발정기는 수컷에게 짝짓기를 허용하는 기간으로, 대개 발정이 시작되고 9~10일 사이에 시작됩니다. 발정 전기보다 수컷에게 더 흥분하고 지나칠 정도로 관심을 보이는 양상을 띠게 됩니다.

발정기의 강아지는 엉덩이나 꼬리를 높게 세우고 흔드는 행동을 하며

작은 소음에도 지나치게 반응하거나 심하게 짖고, 하울링을 할 수 있습니다.

헐떡거리면서 잠을 잘 못 자기도 합니다.

소변으로 배출되는 호르몬이 수컷 강아지에게 암컷 강아지가 발정 중이라는 정보를 주기 때문에

여러 장소에 소변을 보는 행위가 늘어나기도 합니다.

발정 중 임신을 예방하기 위해서는

첫 출혈을 발견한 시점으로부터 최소 4주간은 중성화되지 않은 수컷과 분리해야 합니다.

생리 기저귀는 하루 5시간 이하로 착용해야

살이 짓무르거나 피부 질환이 생기는 것을 방지할 수 있습니다.

TiP

수컷 강아지는 암컷처럼 규칙적인 발정 시기를 갖지 않고

암컷 강아지가 분비하는 페로몬에 자극을 받아 발정 증상을 보이개!!

3. 발정 후기

발정 후기는 암컷 강아지의 몸이 임신을 위한 준비 과정에 들어가거나 휴지기로 돌아가는 단계로, 크게 부풀었던 외부 생식기의 크기가 줄어들면서 생식기 분비물이 사라지게 됩니다.

발정 후기의 암컷 강아지는 수컷 강아지를 허용하지 않으며,

이러한 행동이 2개월 정도 유지됩니다.

4. 휴지기

자궁이 회복되는 시기로 동물이 성적 혹은 호르몬에 의한 행위를 하지 않고 호르몬 수치도 발정의 모든 기간을 통틀어 최저로 유지되는 시기입니다. 발정 전기가 시작되기 전까지 90~150일 정도 유지됩니다.

이제 좀 살겠개…

첫 번째 발정이 시작되는 시기는 견종에 따라 아주 다양하며 소형
견이 대형견보다 발정이 더 빨리 시작되는 경우가 많습니다. 평균적
으로는 6개월 전후에 첫 번째 발정을 시작합니다.

7

중성화

　수컷 강아지의 경우 중성화를 하지 않으면 집 안 여기저기 영역을 표시하거나 동거 동물, 사람 또는 인형에 올라타 마운팅을 하기도 합니다. 또 발정이 나 집 밖으로 탈출하려는 시도를 할 수 있습니다. 암컷 강아지의 경우 중성화를 하지 않으면 1년에 두 차례 생리를 하게 되는데, 이때 출혈과 식욕 부진 등의 증상으로 스트레스에 시달리게 되고, 나이가 들어서는 유선 종양이나 자궁 축농증에 걸릴 수 있습니다. 이런 이유로 최근에는 대부분 중성화 수술을 하며, 일부 사례에서는 중성화 수술 후 공격적인 행동이 감소되는 효과가 있었습니다. 암컷 강아지의 경우 첫 생리가 시작되기 전에 중성화 수술을 하면 유선 종양 예방 효과가 90퍼센트에 이르는 것으로 조사된 바 있습니다. 수컷 강아지 또한 고환암과 전립선 질병 등의 예방 효과를 기대할 수 있습니다.

1. 중성화 수술 시기

중성화 수술은
6~9개월령에 가능합니다.

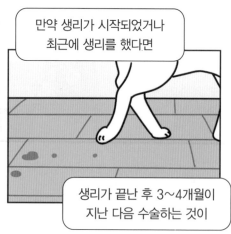

만약 생리가 시작되었거나
최근에 생리를 했다면

생리가 끝난 후 3~4개월이
지난 다음 수술하는 것이

2. 중성화 수술 후 회복

최장 2주까지는
수술한 반려견이

뛰어다니거나 점프하지
않도록 하고

수술 부위를 핥아서
염증이 생기지 않도록

넥칼라나 환견복을
입혀주는 것이 좋습니다.

수술 후 목욕은
봉합실을 제거하고

3일 정도 휴식 기간을 거친 뒤에
하는 것이 적당합니다.

3. 중성화 수술을 하지 않은 경우

중성화 수술을 하지 않은 경우에는

나이가 들면서 유선 종양이 생기는 경우가 많아요.

나이가 들면서 생길 수 있는 유선 종양과 자궁 질환, 전립선, 고환 종양에 대비하기 위해

정기적인 검진으로 이상 유무를 확인해야 합니다.

중성화를 했든 하지 않았든 일곱 살이 넘어가면 꾸준한 정기 검진을 해주시개!

4장
눈으로 확인하는
건강

소변과 대변, 구토 등 눈에 보이는 상태를 체크하는 것만으로도

많은 질병의 징후를 잡아낼 수 있습니다.

따라서 강아지의 상태를 눈으로 보고 체크해두는 것은

치료 계획을 수립하는 데 있어 매우 중요합니다.

오늘날씨 ≈ 안개

오늘은 처음 보는 맛있는 음식 먹었다.
근데 속이 울렁 울렁 거리고 몸이
가려워! 어떻게 해야 하지 ???

구토

구토는 다양한 자극으로 유발됩니다. 항상 심각한 질환이 그 원인인 것은 아니지만, 위장관 폐쇄, 약물 중독, 신부전, 췌장염, 애디슨병, 종양이 있을 때의 최초 징후이므로 간과해서도 안 됩니다. 또한 구토 증상이 발생하기 전후의 모든 변화와 검진 결과는 치료 계획을 수립하는 데 있어 매우 중요합니다. 따라서 구토가 언제, 몇 번, 며칠 동안 반복되고 있는지, 음식을 먹고 어느 정도 시간이 지나 구토하는지, 구토의 내용물은 무엇이고 색깔이나 양은 얼마나 되는지, 설사를 동반하는지, 최근에 이물질 혹은 약을 먹었거나 예방접종 혹은 치료용 주사를 맞았는지, 산책한 적이 있었는지 등을 모두 체크해보아야 합니다.

강아지의 구토는 비교적 흔하게 일어나는 일이랍니다.

마치 편식하느라 자주 공복토를 하는 재구처럼!

강아지가 구토를 한다면 놀라지 말고 아래의 원인들을 체크해보세요.

❶ 사료를 바꿨나요?

❷ 평소 먹지 않던 간식을 급여했나요?

❸ 산책 시에 풀이나 이물질을 섭취했나요?

❹ 공복 시간이 평소보다 길었나요?

구토 색으로 보는 건강

 | 갈색 구토 | 식분증, 이물 섭취, 장 폐쇄, 위내 출혈
 | 검은색 구토 | 위궤양이나 약물 중독
 | 음식물이 있는 구토 | 급체, 위장관 질환의 모든 경우
 | 노란색 구토 | 위염, 담도계 이상, 긴 공복 시간
 | 투명한 구토 | 위염
 | 흰색 거품 토 | 폐나 기관지로부터 객담 배출 시, 위 확장 및 염전
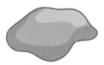 | 녹색 구토 | 풀을 먹고 나서 구토 시, 장 폐쇄, 담즙 구토 증후군
 | 붉은빛이 도는 구토 | 궤양이나 이물 섭취로 인한 위내 출혈, 식도염, 약물 중독 등

구토하며 혈액이 나온 경우로 식도, 위 혹은 장에 염증이나 출혈 또는 이물질에 의한 상처나 천공이 있을 때 주로 나타납니다. 위장관계의 경우 기생충 감염, 이물질, 사고, 궤양, 췌장염이나 간염에 의한 속발성 염증, 종양, 출혈을 야기할 수 있는 제초제나 쥐약 같은 약물 중독과 중금속, 응고 장애 등에 의해서 발생 가능하고,

이때 식욕 저하, 복통이 나타나며 혈변 혹은 흑색 변을 볼 수 있습니다. 빈혈과 기력 부진 또한 동반될 수 있습니다.

🐾 구토는 아니지만 구강 내 출혈이나 폐출혈이 입이나 코로 배출되면서 구토로 오인되는 경우가 있습니다.

구토는 대개 이물질 섭취, 음식 알레르기나 소화기 자체에 이상이 있을 때, 간, 신장, 췌장, 호르몬 이상 등의 원인이 2차적으로 소화기에 자극을 주었을 때 나타나며 종종 설사를 동반합니다. 공복토는 공복 시간이 길어짐으로써 십이지장 내의 담즙과 같은 체액이 일부 위로 역류되며 위장을 자극해서 음식물 없이 노랗거나 흰색의 거품만을 토하는 것을 말합니다. 따라서 설사를 동반하지 않습니다. 공복토는 일반적인 위장염 치료로 호전되지만, 만성적이고 주기적으로 구토를 한다면 위장이 예민한 개에게 급여하는 사료나 저식이알레르기성 사료를 급여하는 게 도움이 될 수 있습니다. 또한 잠자기 직전과 보호자가 아침에 일어나 곧바로 아침 식사를 줌으로써 공복 시간을 최대한 줄이는 방법이 있습니다. 시간을 맞추기 힘들다면 시간대별 자동으로 사료를 급여하는 자동 급식기를 사용해볼 수 있습니다.

음식을 먹고 위가 비워지는 시간은 일반적으로 7~10시간 내외입니다. 음식을 먹은 직후에 구토를 했다면 과식이나 음식 불내성, 흥분, 스트레스, 비정상적인 음식 섭취, 횡격막 열공 탈장 등이 원인인 경우가 흔하며, 음식을 먹은 후 6~7시간이 경과했는데도 소화가 되지 않았거나 부분적으로만 소화된 음식을 토했다면 위의 운동성 장애나 이물질, 위염 또는 분문부의 비대증이나 종양 등에 의한 배출 장애일 가능성이 높습니다. 위 무력증인 경우에는 음식 섭취 후 12~18시간이 지나서 소화되지 않은 음식을 토하며 주기적인 패턴으로 같은 증상이 반복됩니다. 만성 구토의 경우 음식을 먹은 시간과 구토하기까지의 시간은 큰 관련성이 없습니다. 설사나 식욕 부진, 복부의 불편한 정도, 메스꺼운 정도와 연관되어 나타나며 만성 위염, 염증성 장 질환, 위 운동성 장애, 췌장염, 신부전, 간의 이상, 부신 피질 호르몬 이상 등을 의심해보아야 합니다.

음식을 토한 경우 하루 정도는 경과를 지켜볼 수 있으나

저칼륨 혈증이 발생할 수 있고

이로 인해 떠는 증상이 나타날 수 있으므로

칼륨 성분이 들어 있는 보리차를 먹이는 것이 도움이 됩니다.

병원에 가기 전 어떻게 대처해야 할까요?

	체크해봅시다	
❶	구토가 언제, 몇 번, 며칠 동안 반복되고 있나요?	
❷	음식을 먹고 얼마의 시간이 경과한 후 구토를 하나요?	
❸	구토 내용물의 색과 양은 어떤가요?	
❹	산책한 적이 있나요?	
❺	설사를 동반하나요?	
❻	최근에 이물질을 먹었나요?	
❼	예방접종 혹은 치료용 주사를 맞았거나 약을 먹고 있나요?	

강아지가 아침마다 내용물 없이 공복성 구토를 한 이후에 음식을 잘 먹는다면 위장관 보호제를 투약하거나 저식이알레르기성 사료를 급여해볼 수 있습니다. 반면 음식물을 토하면서 기력이 저하되거나 음식을 먹지 않으면 억지로 먹이려 하지 말고 금식시키는 것이 좋습니다. 6개월령 이하의 강아지라면 바이러스 질환의 가능성이 높기 때문에 가까운 동물병원에 가서 바이러스 장염을 유발하는 질환들에 대한 키트 검사를 해볼 것을 추천합니다.

대변과 소변

강아지의
변을 살펴보면
건강을 알 수 있개.

건강한 대변은 약간 촉촉하며
윤기가 나고 갈색을 띱니다.

죽이나 물처럼 퍼지지 않고
모양이 잡혀 있으며

변을 들었을 때 부서지기는 하나
바닥에 변이 거의 묻어나지 않습니다.

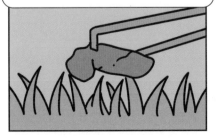

당신의 반려견은
어떤가요?

묽은 변 | 식이 변화, 기생충 감염 등

 설사 | 급성인 경우 소화 불량, 중독, 바이러스 감염,
만성인 경우 질 나쁜 사료 섭취,
음식 알레르기, 과식, 지방 과다 섭취,
면역 이상, 기생충 감염, 위장관 계통 이상,
췌장염, 간이나 담도 이상, 신장 이상

 피가 섞인 변 | 장내 출혈로 인한 출혈성 위장염, 결장염,
직장이나 항문의 염증, 신장 이상,
바이러스나 세균과 같은 전염성 장염

 노란색 변 | 음식 불내성, 간 이상으로 인한 황달

 회색 변 | 지방 성분에 대한 소화 불량

 흑색 변 | 위 내 출혈이나 궤양, 신부전

 점액 변 | 췌장염, 지방 성분이 많은 변

 하얀색 변 | 뼈 등 칼슘 성분이 많은 음식 섭취

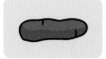 | 녹색 변 | 담도 계통 이상, 바이러스나 세균,
기생충 그리고 원충 감염, 약물 중독

기생충 감염이 의심되는 변 상태

 변에 지렁이같이 연분홍색을 띠면서
말려 있는 것이 보일 때 회충,
하얀 쌀알 같은 것들이 보일 때 조충

동물병원에 가기 전
대변의 상태를 사진으로 찍어
수의사에게 보여주개!

소변으로 보는 건강

	투명하고 맑은 소변	과수화 혹은 정상
	연한 노란색	정상 혹은 약간의 탈수
	밝은 노란색	경도에서 중등도의 탈수 또는 비타민 섭취
	오렌지색	중등도 이상의 탈수, 담석, 간 이상, 황달 등
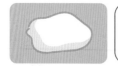	탁한 흰색	방광염
	녹색	세균 감염

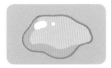	분홍색	감염, 방광 내 종양
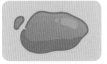	붉은색	방광 또는 신장 결석이나 염증, 심장사상충 감염
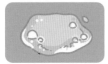	거품이 많은 소변	만성 신장병, 고단백 식이, 장시간 운동
	어두운 색을 띠는 소변	심장사상충 감염, 심한 황달

정상적인 하루 소변의 양은 1kg당 20~40ml입니다.

평소보다 소변량이 너무 많거나 너무 적다면 동물병원을 찾아 진단을 받아보세요.

3

강아지의 눈, 코, 입

건강한 눈은
결막으로 불리는 흰자위가
혈관 충혈 없이 깨끗하고,
눈꺼풀이 붉거나
부어 있지 않습니다.

눈앞 꼬리 안쪽에만 갈색으로
눈곱이 조금 끼는 것이 정상이고
눈꺼풀 전반적으로
눈곱이 많이 낀다면
이상이 있는 것입니다.

결막은
흰색이어야 정상이며
황달이 있으면
노랗게 변합니다.

검은자위로 불리는 동공 부위와
동공 주변의 갈색 홍채를 덮는
각막 표면이 깨끗하면 정상입니다.
눈 표면은 외부의 이물질이나
먼지로부터 보호되기 위해
눈물층으로 덮여 있어
항상 촉촉해 보입니다.

안구 돌출은
시츄, 페키니즈와 같이
눈이 큰 강아지에서
종종 발생합니다.

눈물은
검사지를 이용해
측정했을 때
1분당 15~22mm가
분비되면 정상이며
적으면 안구 건조증,
너무 많으면
눈물흘림증유루증이라고
합니다.

눈곱 색으로 보는 건강

	진한 갈색 혹은 검은색	정상, 포르피린이라는 색소 성분이 공기 중에 장시간 노출되면 갈색이 됨
	회백색	정상 혹은 안구 건조증
	노란색 혹은 녹색	결막염, 호흡기 감염, 안구 건조증으로 인한 2차 세균 감염

육안으로 확인할 수 있는 코 건강

정상적인 강아지의 코는 촉촉하고 차갑습니다. 촉촉한 코는 냄새의 작은 입자들을 후각 기관으로 운반하는 데 도움을 주어 사람보다 1만~10만 배 더 냄새를 잘 맡게 합니다. 또한 얇은 점액층은 강아지가 코를 핥을 때 냄새 성분을 흡수하고 미각을 더해 감각 기관에 정보를 전달하는 기능을 보조합니다.

노령견이거나 잠잘 때, 단두종퍼그, 불독, 라사압소과 같이 혀로 코를 핥기 힘든 경우에는 마른 코가 정상일 수 있으나

알레르기, 화상, 면역 이상, 호흡기 감염증 이어도 코가 마르는 증상이 나타나므로 이때는 수의사의 진단을 받아야 합니다.

강아지의 건강한 잇몸과 혀는 분홍색으로, 약간의 빛이 납니다. 간혹 멜라민 색소 침착으로 검게 착색된 부분이 보이는 강아지들이 있는데 착색 부분이 튀어나오지 않았다면 정상입니다.

건강하지 않은 강아지 혀의 색

	창백하고 하얀색	빈혈, 백혈병, 저혈압
	푸른색 또는 보라색	심혈관 질환, 간 질환, 중독, 면역계 질환
	검붉은 색	세균 감염, 당뇨, 발열, 갑상샘 항진증, 비뇨기 질환, 종양 등
	노란색	간담도계 이상, 황달

샤페이와 차우차우는
원래 푸르거나 보랏빛을 띠는
혀를 가지고 있개.

강아지의 털과 피부

건강한 강아지의 털은
빛이 나고 부드러우며
거칠거나 부서지지 않습니다.

건강한
강아지의 피부는
유연하고 깨끗하며,
기름기가 많지 않고
비듬이 없으면서
주름지거나
울퉁불퉁하지
않습니다.

스트레스 상황에 처하면 털이 많이 빠지는 것이 보통입니다. 그 밖에 호르몬 불균형, 대사 이상, 만성 설사, 회충 또는 진드기와 같은 내·외부 기생충 감염, 암과 같은 질병을 앓고 있을 때도 털이 빠집니다. 관절염이나 비만의 경우 움직임이 불편해 그루밍이 힘드므로 비듬이나 털 뭉침과 같은 피부나 털의 이상이 발생합니다.

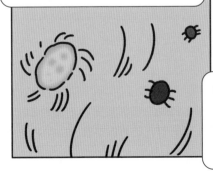

알레르기 피부염, 진드기나
옴과 같은 외부 기생충 감염증,
피부 건조증, 세균성 피부염일 때는

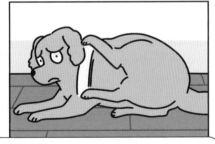

정상적인 털의 성장과 지방 성분의 분비에
장애가 생겨 털이 많이 빠지거나 발적이
생기고, 피부를 긁거나 핥고 몸을 벽이나
바닥에 비비는 행동을 보입니다.

강아지의 피부병

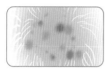 알레르기성 피부염 | 겨드랑이, 발가락 사이, 눈 주변, 입 주변 털이 빠지고 피부 발적이 생기거나 붓는 경우가 많음

 곰팡이성 피부염 | 원형으로 탈모가 생기고 흰색 딱지가 주로 생김

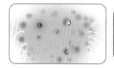 모낭염 | 점상 발적이 여러 군데 발생하고, 강아지가 쓰라림을 느껴 긁으면 상처와 딱지가 생기기도 함

 농가진 | 세균성 감염 시 고름과 수포가 발생하며 어린 강아지에서는 배나 생식기 주변에 호발함

 지루 | 기름진 것처럼 보이다가 비듬과 같이 변함. 자견에서 발생했다면 유전인 경우가 있어 평생 지속되기도 함

 원형 탈모 | 스트레스, 호르몬 이상 등으로 발생하며 피부는 양호한 편이나 동그랗게 털이 빠져 있는 상태임

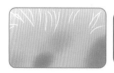 피부색 변화 | 대사성 질환이나 호르몬 장애 시 발생함

 종양 | 피부 표면에 동그랗게 혹은 양배추 모양으로 돌출된 혹이 생겼으면 지방종, 피지낭, 종양일 수 있으며 진단은 조직 검사나 세침흡인술FNA을 통한 세포 도말 검사로 확인 가능함

건강한 피모를 위해 어떻게 관리해야 할까요?

미용

> 털이 길게 자라는 견종은 주기적으로 미용을 해줍니다.

요크셔테리어

말티즈

> 주기적인 미용은 탈락된 털과 죽은 피부 세포를 제거하는 데 도움을 주고

> 피부에서 자연적으로 분비되는 오일 성분이 털에 골고루 분포되도록 해줍니다.

알래스칸말라뮤트, 시베리아허스키, 레트리버와 같은 이중모 강아지들은 털이 길고 두껍습니다. 바깥층 털은 보호 구실을 하고 아래층 털은 보온 기능을 하므로 늦봄과 늦가을에 털이 많이 빠지는 시기가 있습니다. 단모종의 강아지들은 털 길이가 일정한 편이며 계절과 상관없이 지속적으로 조금씩 털이 빠집니다.

빗질

빗질은 비듬이나 탈락된 털을 제거해주고

피부에서 자연적으로 분비된 영양분을 털에 골고루 분포시켜주는 역할을 하며

털이 윤기나도록 하는 데 도움을 줍니다.

털이 길거나 곱슬인 강아지들은 매일 빗질을 해서 특히 귀나 겨드랑이 그리고 다리의 털이 엉키거나 뭉치지 않도록 해주어야 합니다.

단모종의 경우 빗질을 매일 할 필요는 없습니다.

빗겨주시개.

목욕

강아지는 피부 피에이치pH와
피부 세포층의 두께가 사람과 다르므로
강아지 전용 샴푸를 사용해야 합니다.

성견의 경우 실내 생활을 주로 한다면
일주일에 한 번 샴푸로 목욕하고

목욕 후 피부가 습기를 잃어 건조해지는 것과
비듬이 생기는 것을 방지하기 위해
꼭 컨디셔너나 보습제를 발라주어야 합니다.

사료

　강아지의 털 75퍼센트는 단백질로 구성되어 있으므로 단백질이 결핍되거나 질이 낮은 사료를 먹으면 털에 이상이 생깁니다. 이때는 오메가-3 지방산과 오메가-6 지방산이 함유된 피부 전문 영양제를 사료와 함께 급여합니다. 이는 강아지의 피부와 털 건강에 필수적인 요소로 염증과 비듬 형성을 감소시켜주며 털 발육을 도와줍니다.

적절한 단백질과
피부에 좋은 필수 지방산이
함유된 사료, 피부 영양제는
피모 건강에 아주 좋개!

5장
응급 상황에서의
대처법

강아지와 함께 살다 보면 수많은 위기 상황에 직면합니다.

위기 상황에서 동물병원에 도착하기 전까지의 대처 방법을 알아봅시다.

오늘 날씨  맑음

세상에는 재밌는 게 너무-너무
많아! 어제는 몰래 찬장을 뒤지고
놀았다. 엄마 아빠는 그러지 말랬
지만 맛있는 냄새가 나던걸 ???

숨을 못 쉬어요

🐾 혼자 해결하려 하지 말고 언제나 전문가의 도움을 받아야 합니다.

강아지 심폐소생술 (CPR)

심폐소생술은 호흡이나 심박동이 멈췄을 때 구명하는 절차입니다. 산소가 없으면 간, 신장, 뇌와 같은 생체 장기가 기능을 하지 못하며, 뇌의 경우는 호흡이 3~4분만 정지되어도 손상이 시작되므로 즉각적으로 대응하는 것이 매우 중요합니다.

응급 상황 시 알아두면 유용한 심폐소생술을 배워보개!

1. 강아지의 상태를 파악합니다.

강아지가 숨을 쉬지 않을 때 동물병원으로 가기까지 시간이 소요되므로 지나가는 행인이나 함께 있는 사람에게 가까운 동물병원이나 24시간 응급 진료가 가능한 동물병원에 연락해줄 것을 부탁합니다.

2. 강아지가 숨을 쉬는지 확인합니다.

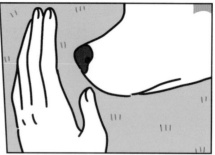

　실신해서 쓰러져 있는 강아지라도 숨을 쉬는 경우에는 심폐소생술이 필요하지 않습니다. 강아지를 평평한 곳에 올리고 가슴이 위아래로 움직이면서 숨을 쉬는지 관찰합니다. 정상적인 호흡수는 1분에 20~30회이고, 가슴은 2~3초에 한 번씩 움직입니다. 만약 숨을 쉬지 않는다고 판단되면 강아지의 코에서 바람이 나오는지 체크해봅니다. 가슴이 움직이지 않고 코에서 공기의 흐름이 느껴지지 않는다면 숨을 쉬지 않는 것입니다.

3. 심장이 뛰는지 확인합니다.

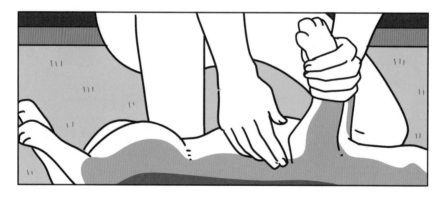

　강아지를 옆으로 눕히고 앞다리 팔꿈치를 강아지의 등 쪽으로 들어 올렸을 때 보이는 겨드랑이 바로 아래 부위가 갈비뼈 3~5번째 공간입니다. 그곳의 털이 심박에 맞춰 움직이는지 살펴봅니다. 눈으로 보이지 않으면 손가락을 대고 살짝 눌러 심장 뛰는 느낌이 나는지 관찰합니다.

4. 기도가 깨끗한지 확인합니다.

심폐소생술 시 공기 흐름에 방해가 되는 것이 있으면 제거해야 하므로 입을 열어서 목구멍 안쪽까지 막혀 있는 부분이 있는지 확인합니다.

5. 기도를 막고 있는 모든 것을 제거합니다.

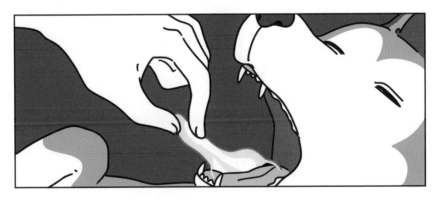

입안에 있는 구토물, 혈액, 점액 등의 액체나 이물질 등을 모두 제거합니다.

6. 강아지를 심폐소생술을 위한 자세로 눕힙니다.

혀를 잡아당기고 머리와 가슴이 일직선이 되게 하며 등을 조금 뒤로 젖혀 기도를 개방시킵니다.

7. 공기를 불어 넣을 준비를 합니다.

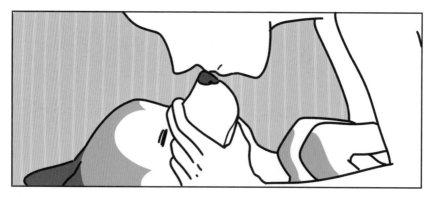

한 손으로 강아지의 아래턱과 주둥이를 잡아 강아지의 입을 다물리고 사람의 입을 강아지의 코에 맞춥니다. 사람이 불어 넣는 공기가 입 주변으로 빠져나가지 않게 턱과 입을 잘 잡아야 합니다. 크기가 작은 소형견의 경우 코와 입에 공기를 불어 넣기도 합니다.

8. 강아지의 코나 입에 공기를 불어 넣습니다.

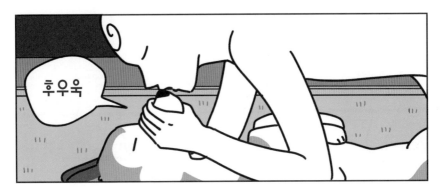

강아지의 가슴이 부풀어 오를 때까지 바람을 불어 넣습니다. 가슴이 부푼 상태에서 계속 바람을 넣으면 폐가 손상될 수 있으니 가슴이 부풀면 바람이 다시 빠져나오도록 입을 뗍니다. 한숨이 2~3초, 1분에 20~30회 숨 쉬게 하는 것을 목표로합니다.

9. 가슴을 압박할 준비를 합니다.

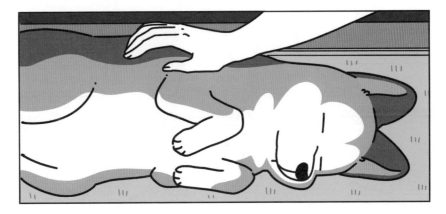

심장에서 산소를 받아들인 후 혈액을 장기에 뿜어줄 수 있도록 가슴 부위를 압박해야 합니다. 인공호흡 1회 실시 후 10~12회 흉부를 압박합니다.

10. 겨드랑이 사이 공간을 찾습니다.

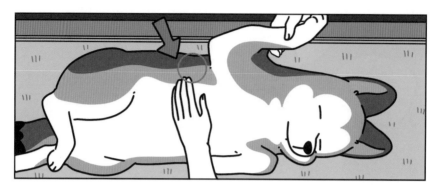

강아지를 옆으로 눕힌 후 앞다리를 등 쪽으로 들고 겨드랑이 사이 공간을 다시 찾아 흉부 압박을 준비합니다.

11. 흉부 압박을 실시합니다.

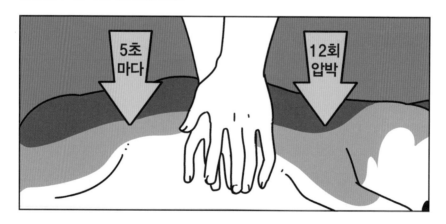

심장 부위에 손바닥을 올려두고 가슴의 1/3~1/2 두께까지 부드럽게 눌러줍니다. 압박은 빠르게 하되 5초마다 10~12회 반복합니다. 인공호흡 후 다시 반복합니다.

12. 2분에 한 번 호흡과 심박을 확인합니다.

13. 대형견의 경우 복부 압박을 실시합니다.

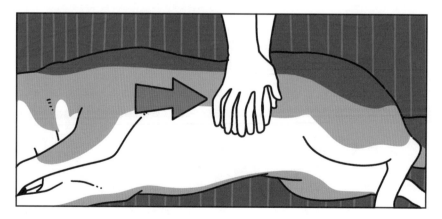

  대형견의 경우 가슴과 배의 경계부 쪽 복부의 압박을 통해 혈액이 다시 심장으로 돌아오게 합니다. 2분에 한 번 실시합니다. 강아지가 스스로 숨을 쉬고 심박이 안정되어 규칙적으로 뛰는 것이 확인될 때까지 실시합니다.

14. 호전되는 양상이 보이면 동물병원으로 이동합니다.

심폐소생술을 실시한 지 10분 후에 호전되는 양상이 보이면 바로 연락이 닿는 동물병원으로 이동합니다. 정상적인 개에게 심폐소생술을 실시하면 오히려 장기를 상하게 하므로 심폐소생술은 필요한 상황에서만 실시해야 합니다.

삼켰어요

강아지는 호기심이 많아 흥미로운 것을 발견하면 삼켜버리려 할 수도 있개!

강아지가 이물질을 삼켜 목에 이물질이 걸리면

캑캑거리거나 이물질을 게워내려는 동작을 지속할 수 있습니다.

질식이나 천공이 유발될 수 있고

가능하면 최대한 빨리 동물병원으로 데려가야 하지만

불가능할 때는 어떻게 해야 할까요?

응급 상황이 아닌데 응급 처치를 실시하면 부상으로 이어질 위험이 있으므로 응급 처치는 반드시 응급 상황에서만 실시합니다.

이럴 때만
응급 처치를
시행해주개!

의식이
없을 때

호흡이
곤란할 때

흥분하며
구역질을
반복할 때

허가
푸르게
변할 때

발로
얼굴을 할퀴며
힘들어할 때

1. 이물질 제거하기

제거할 수 있는 이물질인지 확인합니다.

이물질이 날카롭다면 빼내려다 더 큰 사고가 날 수 있습니다. 뼈, 유리, 플라스틱, 나뭇조각 등 날카로운 이물질인지 아닌지를 확실히 확인합니다.

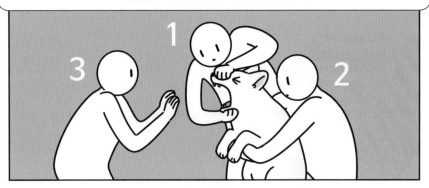

> 이물질을 빼내기 위한 자세를 취합니다.

한 명은 한 손으로 위 주둥이를, 다른 손으로는 아래턱을 잡아 강아지의 입을 벌리고 다른 한 사람은 강아지의 가슴 부분을 고정시켜 잡아줘야 다치지 않게 진행할 수 있습니다.

> 이물질을 꺼냅니다.

입안의 이물질 여부를 확인하기 위해 혀를 살짝 바깥으로 당기고 손가락이나 집게 등을 이용해 이물질을 조심스럽게 제거하되 이물질이 기도 안으로 밀려 들어가지 않게 주의해야 합니다.

2. 이물질이 보이지 않는 경우

갈비뼈 밑을 잡아 하체를 들어 올린 뒤 갈비뼈 밑에서 위 방향으로 힘을 가하며 압박함으로써 이물질을 토해 내게 합니다.

머리를 아래로 하고 뒷다리를 든 상태에서 등 부위를 손바닥으로 두드리거나 부드럽게 흔듭니다.

3. 하임리히법 적용하기

하임리히법 적용

강아지가 사람의 반대 방향을 보도록 뒤에서 안거나 엎드리게 한 다음 가슴 바로 아래쪽 배 부위에 두 손을 넣어 안쪽 방향과 위쪽으로 주먹을 강하게 4~5회 당겨 이물질이 빠져나오는지 확인합니다.

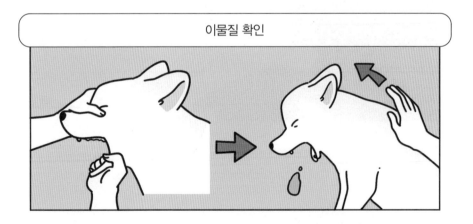

이물질 확인

입을 열어 이물질이 나왔는지 확인하고 이물질이 제거되지 않았거나 이물질이 아직 걸려 있다면 강아지의 등어깨 부분을 위로 밀어내듯이 손바닥으로 세게 다섯 번 정도 쳐줍니다. 이물질이 나오지 않았으면 다시 '1. 이물질 제거하기'로 돌아가 반복합니다.

4. 동물병원으로 이동하기

이물질이 성공적으로 잘 빠져나왔더라도
주변 조직에 상처를 유발했거나

상처로 인해 수일 내 주변 조직에
염증과 천공이 발생할 수 있으므로

동물병원으로 이동해
수의사의 진단을 받습니다.

초콜릿 중독증은 초콜릿, 커피, 차, 카페인이 함유된 음료수, 코코아 파우더 등에 포함된 메틸잔틴methylxanthine이라는 성분이 골격근과 심장 근육의 수축력을 증가시키고 중추 신경계를 자극함으로써 과도한 흥분과 불안, 고열, 근육의 떨림, 구토, 설사, 보행 이상, 심한 헐떡임, 다량의 배뇨 증상을 일으키는 병입니다. 빈맥, 서맥, 부정맥, 발작과 같은 심각한 증상과 함께 코마 상태에 이르면 죽을 수도 있는 무서운 질병입니다.

간혹 강아지가 초콜릿을 얼마나 먹어야 중독이 되는지를 문의해 오는데, 초콜릿 중독에 대한 감수성 정도가 저마다 다르고 가공된 초콜릿 제품의 회사마다 메틸잔틴의 함량이 다르기 때문에 이 물음에는 정답이 없습니다. 빠른 시간 내 인근 동물병원에서 중독 관련 검사를 통해 중독 정도를 파악하고 빠른 치료를 받는 것이 가장 안전합니다.

날카로운 이물질(뼈 등)을 삼켰어요

날카로운 물건을 삼킨 경우에는 소화기 천공으로 인해 극심한 복통과 복막염이 발생하고, 악화되면 쇼크로 죽음에 이르기도 합니다.

뼈나 금속으로 된 날카로운 이물질은 엑스레이 촬영으로 바로 진단할 수 있으므로 이물질 섭취가 의심되면 지체하지 말고 바로 진찰을 받아야 합니다. 이물질의 모양이나 크기, 위치와 지체된 시간에 따라 치료에 대한 반응과 예후에 차이가 많이 생기므로 가까운 동물병원에 가서 진단을 받고 치료적인 수술 혹은 내시경으로 이물질을 제거해야 합니다. 강아지의 상태를 안정시키기 위해서 수액 요법, 위장관 보호제, 항구토제, 항생제 치료가 병행되어야 합니다.

이물질 섭취를 예방하기 위해서는

쓰레기통을 함부로 뒤지지 못하도록 덮개를 닫고 고정을 시킵니다.

강아지가 씹었을 때 잘 부서지지 않는 장난감을 선택하고

산책 시에 이물질을 자주 섭취하게 되므로

강아지가 탐색하는 행동을 할 때 유심히 지켜보아야 합니다.

양파와 마늘은 꽃과 줄기 모두 중독을 일으킵니다. 설파이드
sulfide라는 성분이 중독 증상을 유발해 구토, 설사, 쇠약, 메트헤모
글로빈 혈증, 용혈성 빈혈, 간 손상 등을 일으키지요. 강아지의 상
태를 파악하기 위해서는 혈구 검사, 혈청 화학 검사가 꼭 이루어져
야 하며, 검사 결과와 섭취 후 경과 시간에 따라 의학적인 구토 유발, 위세척, 활성
탄 투약 등의 방법으로 독소를 제거해야 합니다. 그 후 위장 보호제 투약 및 수혈
또는 수액 치료를 하게 됩니다.

강아지들이 타이레놀을 먹고 중독 증상을 보이는 경우가 종종 발생합니다. 아세트아미노펜의 대사산물이 간과 적혈구의 글루타티온 농도를 감소시켜 간과 적혈구를 손상시키는데 유아용 타이레놀에는 아세트아미노펜이 80밀리그램, 성인용에는 325~500밀리그램 함유되어 있으며 강아지에게 독성을 유발하는 용량은 체중 1킬로그램당 150밀리그램입니다. 중독되면 잘 움직이지 않거나 구토, 침 흘림, 저체온, 복통, 검붉은 소변, 갈색 혹은 청색 잇몸, 얼굴과 발의 부종 등의 증상을 보이며 심한 경우 18시간에서 5일 이내 죽을 수 있습니다. 타이레놀을 먹은 사실이 확인되면 꼭 빠른 시일 내에 병원에 가서 진단을 받아야 합니다.

병원에 바로 갈 수 없는 상황에 대비해 24시 동물병원과 상담받을 수 있는 동물병원의 전화번호를 미리 알아두개.

강아지가 사람 약을 먹었다면 집에서 스스로 조치를 취해서는 안 되고 언제나 수의사의 지시를 따라야 하개.

아스피린은 프로스타글란딘의 합성을 억제해 위장관 세포 방어도를 감소시키고, 점액 분비 장애를 일으켜 위장관 출혈을 일으킵니다. 하루에 체중 1킬로그램당 50밀리그램 이상 섭취하면 기력 저하, 식욕 부진, 발열, 혈액성 구토, 빈호흡, 보행 이상, 코마 등의 증상이 나타나며, 간염, 위장관 궤양 및 천공, 골수 억압, 신부전, 대사성 산증, 지혈 장애 등이 일어나므로 혈구 검사, 혈청 검사, 전해질 검사, 응고 장애 검사 등을 통해 상태를 파악해야 합니다. 또한 섭취 후 12시간 이내 구토를 유발하고 위세척을 실시한 다음 흡착제 투여, 관장, 수액 요법 혹은 수혈, 약물 배설을 위한 이뇨제 투여, 복막 투석, 산 염기 교정, 위장관 보호제 투여 등의 치료를 해야 합니다.

위기 상황

우리는 강아지를 키우면서 수많은 위기 상황들을 경험합니다. 위험한 일들은 항상 예기치 못하게 벌어지죠. 흔히 일어나는 위기 상황들에 어떻게 대처해야 할지 알아봅시다.

강아지가 감전되면 근육 경련이 생겨
씹던 전선을 꽉 물고 놓지 못하는 상황이 됩니다.

강아지를 구하고 싶은 마음에 강아지를
전선에서 바로 떼어 놓으려 하게 되는데

사람 또한 2차 감전이 될 수 있기 때문에
절대 강아지를 만져서는 안 됩니다.

그럼 어떻게 해야 할까요?

🐾 감전 사고는 생각보다 쉽게 일어납니다.

가장 먼저 해야 할 일은 분전반두꺼비집의 메인 전원을 꺼서 전기를 차단하는 것입니다.

전기가 차단되었다면 주변에 물기가 없는지 확인하고

전기가 통하지 않는 나무나 플라스틱 막대로

강아지를 전선과 떨어지도록 밀어줍니다.

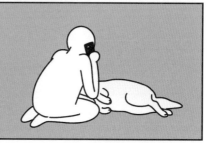

이후 동물병원에 전화를 걸어 강아지의 상태를 설명하고 필요한 조치를 취한 다음 병원으로 이동합니다.

강아지가 화상을 입었다고 해서 상처 부위에 물을 뿌리는 행동도 절대 해서는 안 되개!

강아지가 전선을 씹다 감전이 되면 일반적으로 혀나 입술 안쪽과 볼 안쪽의 감전 부위가 검은 경계와 함께 황갈색에서 노란색을 띠게 되고 광범위한 조직 괴사가 관찰됩니다. 신경원성 폐부종, 호흡 곤란 혹은 정지, 발작, 심부정맥, 위장관 손상, 근육이나 인대 손상 증세가 나타날 수 있고 심한 경우 뼈의 손상, 뇌 손상이 동반되기도 합니다.

폐 손상이 생겨 폐에 물이 찬 상태가 폐부종입니다. 감전 직후 혹은 감전 후 48시간에 걸쳐 폐문부 주변과 폐후엽에서 폐부종 및 출혈이 발생할 수 있으므로 2일 동안 엑스레이 촬영을 실시하고 모니터하는 것이 필요합니다.

또 정상 심장 박동이 방해받으면서 부정맥이 발생합니다. 강아지가 실신하면 심정지나 호흡 정지 그리고 뇌 손상이 일어나 의식 불명 상태, 죽음에 이르기도 합니다.

따라서 감전된 즉시 혈구 검사, 혈액가스 검사, 혈청 화학 검사, 요 검사, 심전도 검사, 혈압 측정을 실시해 손상 정도를 파악해야 합니다. 손상 정도는 괴사 조직이 소멸할 때까지 명확하게 나타나지 않으므로 감전 이후 48시간까지 혈압, 심전도, 혈액가스 모니터를 주기적으로 반복하면서 치료 예후와 병의 진행 상황을 파악해야 합니다.

감전 사고 예방법

❶ 강아지를 혼자 두고 집을 비울 때
필요 없는 전기선들은 모두 뽑아놓습니다.

❷ 강아지의 행동반경에 있는
전선들에 보호 케이블을 감아
전선을 물어뜯는 것을 미리 방지합니다.

❸ 전기 콘센트에
안전 커버를 씌웁니다.

❹ 이빨이 간지러운 이갈이 시기의 강아지가
전기선에 관심을 갖지 못하도록
안전한 장난감으로 함께 놀아줍니다.

열사병

온몸이 털로 뒤덮인 개들은 더위에 굉장히 약합니다. 게다가 땀으로 체온을 조절하기 어려운 신체를 가지고 있죠. 환기가 어렵고 온도가 높은 공간에 오래 있다 보면 혓바닥을 통해 체온을 조절하기가 어려워져 헐떡거리고 침을 많이 흘리는 증상을 보이게 됩니다. 강아지의 정상 체온은 37.5~38.5도 정도로, 41도가 넘어가는 체온이 측정되면 열사병으로 규정합니다.

열사병은 어떻게 걸리는 것이개?

❶ 더운 여름 차 안에 강아지 혼자 남겨졌을 때

더운 날씨의 차 안에서는 강아지가 호흡을 통해 열을 배출하려고 해도 차 안의 온도가 높아 체온을 내릴 수가 없습니다.

❷ 더운 날씨에 격한 운동을 했을 때

여름철에는 기온이 높고 강아지들은 지열에 더 가깝게 노출되어 있기 때문에 격한 운동을 하면 체온 조절이 어려워집니다.

❸ 비만과 단두종인 강아지일 때

비만이거나 단두종, 기관지 관련 질병
또는 심장 질환을 가지고 있는 강아지라면
여름철 열사병 위험에 더욱 쉽게 노출됩니다.

열사병에 걸리면 심한 헐떡임과 호흡 곤란, 침 흘림과 함께
거품을 물거나 심장 박동이 빨라지고 심한 경우에는
구토와 설사, 경련 증상이 일어날 수 있습니다.

체온이 41도까지 상승하면 단백질 변성으로 인한 전신성 세포 괴사, 효소계 불활성화, 세포막 지질의 손상, 세포 내 호흡을 담당하는 미토콘드리아 기능 장애가 유발되어 다발성의 응급 상황에 처할 수 있습니다. 즉, 호흡기, 심혈관계, 위장, 신장, 중추 신경계, 응고계 모두에 기능 이상이 발생합니다.

열사병에 걸리면 과도한 헐떡임, 기립 불능, 구토, 설사, 음수 과다, 심한 침 흘림, 근육 경련, 빈맥이나 부정맥 등의 증세를 보이고, 잇몸 점막이나 겨드랑이 또는 사타구니에서 내출혈에 의한 자반이 발견되며, 의식 소실, 발작이 나타납니다.

열사병에 걸리면 어떻게 해야 할까요?

즉시 동물병원으로 이송해 치료하는 것이 가장 안전하지만

그러지 못할 경우 선풍기나 에어컨 주변으로 강아지를 이동시킨 뒤 바람을 맞게 하되

체온이 39도에 근접하면 중단합니다.

주의 사항

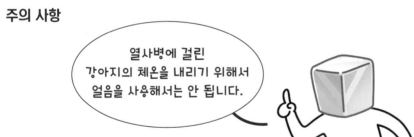

열사병에 걸린 강아지의 체온을 내리기 위해서 얼음을 사용해서는 안 됩니다.

임의로 체온을 낮추기 위해 얼음을 사용하면 급속한 체온 저하가 유도되어 몸의 혈관이 수축되면서 혈액 순환을 방해하고 내부 장기에 열을 가두는 역할을 하게 됩니다. 모세 혈관 손상으로 인한 혈관 내 파종성 응고를 조장하고 떠는 증상을 유발해 오히려 발열을 부추기기도 합니다. 그 결과 쇼크가 올 수 있으므로 얼음을 사용해 목욕을 시키는 등의 조처는 절대 하지 말아야 합니다.

발작

발작은 뇌에서 전기적인 자극이 조절되지 않아 얼굴을 씰룩거리거나 몸을 떠는 증상이 폭발적으로 나타나고 이를 스스로 억제할 수 없는 상태를 말합니다. 짧게는 1분 이하, 길게는 수분간 증상이 유지됩니다. 발작의 원인은 물뇌증, 뇌종양, 뇌수막염과 같은 뇌내성 인자와 저칼슘 혈증, 저혈당증, 저나트륨 혈증, 간성 뇌증, 티아민 결핍, 중독증남, 부동액 등, 일사병과 같은 뇌외성 인자로 나뉩니다.

1. 발작의 전조 증상

발작을 하기 전에는 강아지가 멍해 보이고 혼란스러워 보이거나

허공을 바라본 후 몸이 흔들리면서 중심을 잡지 못하고 일시적으로 앞을 보지 못하게 됩니다.

뱅뱅 돌거나 사물에 부딪히고 침을 흘리며

음식을 씹는 듯한 동작을 하다가 혀를 물어 입에서 피가 나기도 하고 어딘가로 숨으려 합니다.

2. 발작의 증상

 실신, 근육 경련, 강직, 씰룩거림, 의식 소실, 침 흘림, 씹는 동작, 입에 거품 물기, 심한 짖음 등을 보이고 한쪽으로 넘어져 다리를 허우적거리거나 발작하는 동안 대변이나 소변을 보기도 합니다.

> 발작은
> 이렇게 세 가지로
> 나눠볼 수 있개.

전신성 발작	대부분의 발작은 전신성 발작입니다. 뇌 전체에 전기적인 이상이 생겨 의식을 잃고 발작을 하는 것이죠. 국소 발작은 뇌의 한 부분에만 전기적 이상이 생기는 것이며 한쪽 눈꺼풀이나 귀, 입술, 다리 혹은 몸의 한쪽 면에 씰룩거림과 같은 비정상적인 움직임이 생겨 몇 분 지속되다가 전신 발작으로 발전하기도 합니다.
정신 운동성 발작	허공을 향해 공격성을 보이거나 자신의 꼬리를 쫓는 행동을 합니다.
특발성 발작	원인이 알려지지 않은 발작을 말하며 대개 6개월령에서 6년령 사이에 발생하고 처음에는 몇 주에서 몇 달 간격으로 발생하다가 점차 빈도가 잦아집니다. 보더콜리, 래브라도레트리버, 비글, 저먼셰퍼드에서 흔합니다.

강아지가 발작을 일으키면 어떻게 해야 할까요?

주변에 사물이나 계단 등이 있으면
다칠 수 있으므로 강아지를
안전한 곳으로 이동시킵니다.

무의식적으로 사람을 물 수 있으므로
머리나 입 주변은 만지지 말고
입속에 물건이 들어가지 않도록 주의합니다.

발작이 2분 이상 지속되면
고체온증의 위험이 있으므로

선풍기를 틀어주거나
발에 냉수를 적셔줍니다.

사랑하는 강아지 또는 고양이를 잃어버린다면 정말 사람이나 동물 모두에게 잊지 못할 끔찍한 경험이 될 것입니다. 다시 찾기를 바라는 마음으로 아래 몇 가지 행동 수칙을 안내해보겠습니다.

1. 가까운 유기동물 보호소와 동물병원에 연락합니다.

각 지자체별로 운영 중인 유기동물 보호소가 있으므로 구청이나 시청 민원실을 통해 지역 유기동물 보호소 연락처를 파악하거나 인터넷 홈페이지 www.animal. go.kr에 접속해 해당 시·군·구를 선택하고 수시로 보호 중인 유기동물을 확인합니다. 유기동물 보호소에 잃어버린 동물이 없으면 최근에 찍은 사진과 함께 연락처를 기재해서 가까운 경찰서에 신고합니다.

2. 사진과 연락처를 배포합니다.

매일 시간 나는 대로 집 주변을 도보나 차량으로 이동하면서 주변 사람들에게 최근에 찍은 사진과 연락처를 배포합니다. 잃어버린 지역 주변의 편의점, 주민센터, 동물병원, 정류장 등에 동물의 성별, 나이, 체중, 품종, 모색, 특징 등을 기재한 포스터를 게시하고 인터넷 온라인 커뮤니티에도 동일한 내용을 등록합니다.

3. 포기하지 않습니다.

실제로 잃어버린 지 3년여 후에 마이크로칩 등록된 강아지가 유기동물 보호소에 들어와 주인을 찾게 된 사례가 있습니다. 몇 개월이 걸리더라도 포기하지 않고 찾도록 노력합니다.

4. 미리 예방합니다.

아끼는 반려견을 잃어버리지 않으려면 어떻게 해야 할까요?

우리를 잃어버리지 말개.

❶ 동물 등록을 실시합니다.

❷ 산책할 때는 리드줄을 꼭 사용합니다.

❸ 목줄에 정보가 담긴 이름표를 달아줍니다.

재구
이o-xxxx
-xxxx
등록번호 :
xxxxx

❹ 안전문을 설치해 문밖으로 뛰쳐나가는 것을 방지합니다.

다쳤어요

달리고 점프하는 활발한 강아지들에게 어딘가 한 부분이 다치는 사고는 정말 쉽게 벌어집니다. 때로는 친구와 놀다 상처가 나기도 하죠.

다리 골절

　　교통사고나 낙상 등으로 골절을 입는 강아지가 종종 있습니다. 골절은 개방형과 폐쇄형으로 분류되는데 개방형은 골절로 인해 피부가 찢어지고 뼈가 밖으로 노출되어 육안으로 관찰이 가능한 상태를 말하며, 폐쇄형 골절은 골절 부위의 피부가 손상되지 않은 상태를 말합니다. 골절이 불완전하게 된 경우를 가는 선 골절 또는 실금이라고 하는데, 개방형이나 폐쇄형 골절과 같은 전형적인 증상을 보이지는 않지만 완전 골절과 마찬가지로 통증을 유발하므로 이때도 똑같이 골절 부위를 안정시키기 위한 치료가 필요합니다. 골절이 되면 다리를 절거나 낑낑 소리를 내고 아파하며, 개방형의 경우 골절된 뼈를 육안으로 관찰할 수 있습니다.

골절 시의 응급 처치법

우선 통증을 줄여주고

어떻게 해야 하는지 알아볼까요?

골절로 인한 2차 손상이나 감염을 예방해야 합니다.

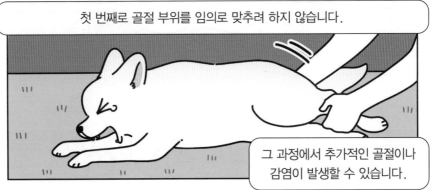

첫 번째로 골절 부위를 임의로 맞추려 하지 않습니다.

그 과정에서 추가적인 골절이나 감염이 발생할 수 있습니다.

두 번째로 개방형 골절상 부위에
항생제나 연고를 바르지 않습니다.

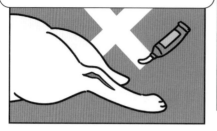

또한 골절에 의한 통증으로
주변 사람을 물 수 있으므로
입마개를 씌우고

멸균된 생리 식염수나 증류수로
상처 부위를 씻깁니다.

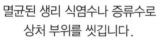

생리 식염수가 구비되어 있지 않으면
상처가 오염되지 않게 깨끗한
거즈나 수건으로 상처를 감싸고

그 위에 공책 같은 것을 말아
다리가 움직이지 않게 고정합니다.

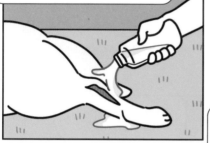

마지막 순서는
동물병원에
가는 것이개!

허리 골절

강아지의 몸을 움직이면
허리 골절의 통증으로 인해
주변 사람을 물 수 있으므로

입마개를 씌운 뒤
강아지를 천천히 평평한 판으로
조심스럽게 끌어당겨 옮기고

몸이 움직이지 않도록 고정합니다.
목이나 등이 압박되지 않게 주의합니다.

폐쇄형 골절의 경우 피부가
손상되지 않았으므로

의심 부위를 거즈나 수건으로
감쌀 필요는 없습니다.

골절 부위가 수술을 통해
제 위치로 돌아가지 않은 상태에서

부목 등으로 고정을 하면 오히려
통증이 더 유발될 수 있습니다.

체온 저하로 인한 쇼크를 예방하기 위해
담요로 몸을 감싸 안고

즉시 동물병원으로
이송하는 것이 좋습니다.

늑골 골절

늑골 골절의 경우에는 호흡 곤란이 없는 때에 한해서만 입마개를 사용해야 합니다.

가슴의 상처가 벌어져 있고, 강아지의 호흡이 거칠 때는 흉강이 파열되어 폐가 손상되었을 가능성이 높으니 이때는 지체하지 않고 바로 동물병원으로 향해야 합니다.

꼬리 골절

꼬리는 제일 다루기 힘든 부위입니다. 출혈이나 골절을 육안으로 관찰하기 힘들고, 통증 호소도 다른 부위보다는 미약해서 알아차리기 힘들 때가 많습니다. 꼬리의 끝부분이 검붉거나 청색이거나 혈색이 없으면 응급을 요하므로 즉시 동물병원으로 이동해야 합니다.

상처가 났어요

　　강아지들은 호기심이 많기 때문에 지면에 긁혀서 생기는 찰과상, 단단한 물체에 부딪히면서 작은 혈관이 손상되어 생기는 타박상, 나뭇가지나 가시 또는 날카로운 물체에 의해서 생기는 열상을 비롯해 다른 개나 고양이에게 물리는 등 항상 상처가 잘 생깁니다. 항상 산책이나 외출 후에는 머리부터 꼬리까지 다친 곳이 없는지 확인해봐야 합니다. 작은 상처를 발견했다면 더 크고 깊은 상처가 없는지 다시 철저하게 확인해봅니다.

상처가 생기면 어떻게 해야 할까요?

❶ 상처가 지저분한 경우
따갑지 않은 살균제나 소독제를 따뜻한 물에 희석해서 씻어줍니다.

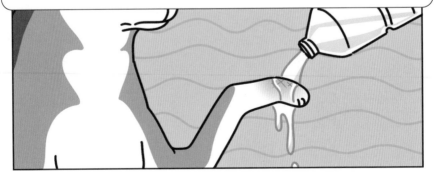

❷ 상처를 닦을 때 솜이나 해지기 쉬운 섬유로 된 직물은
상처에 달라붙을 수 있으므로 사용하지 말고,

천이나 타올을
이용합니다.

❸ 차가운 수건이나 냉찜질팩으로 타박상 부위를 수분 동안 찜질해줍니다.

❹ 항생제 연고를 바릅니다. 연고는 하루에 2~3회 바릅니다.

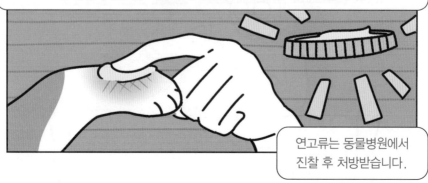

연고류는 동물병원에서
진찰 후 처방받습니다.

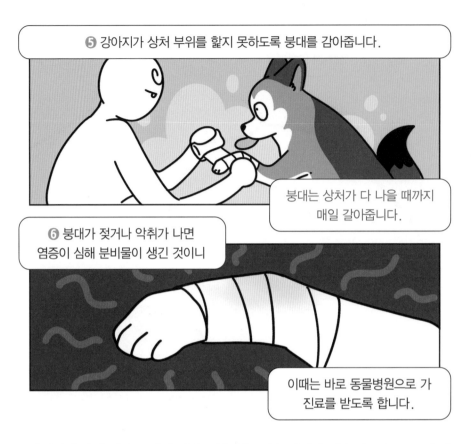

❺ 강아지가 상처 부위를 핥지 못하도록 붕대를 감아줍니다.

붕대는 상처가 다 나을 때까지 매일 갈아줍니다.

❻ 붕대가 젖거나 악취가 나면 염증이 심해 분비물이 생긴 것이니

이때는 바로 동물병원으로 가 진료를 받도록 합니다.

관절이나 발에 멍이 들거나 부은 경우에는 깊은 상처가 있을 수 있으므로 위의 가이드라인을 따르지 말고 바로 동물병원에서 진료를 받아야 합니다.

산책 시 안전을 위해 리드줄을 놓지 말아주세요!

약국에서 살 수 있는 살균 소독제

처방 없이도 약국에서 몇 종의 소독약을 살 수 있지만 부작용이나 위험한 경우가 생길 수 있으므로 사용상 주의를 요합니다. 구매 시 농도가 몇 퍼센트인지 확인하고 농도가 높은 경우 희석해서 사용합니다.

과산화수소	35퍼센트 농도의 강한 자극성을 가진 소독약으로 일반인이 직접 사용하기에는 위험합니다. 실제로 곰팡이 피부병이 의심되는 고양이에게 과산화수소를 사용했다가 화학적 손상을 입힌 사례가 있습니다. 사람에게도 눈이나 점막에 닿게 되면 심한 화상과 통증을 유발할 수 있으므로 구입해 사용하는 일은 없어야 합니다.
포비돈 요오드	진한 갈색을 띠며 10퍼센트 제품은 원액 그대로 사용 시 화상을 입을 수 있으므로 주의해야 합니다. 사용해야 한다면 미온수에 20배 희석하여 0.5퍼센트 용액으로 만듭니다. 갑상샘 기능 이상, 신부전이 있는 경우 위험하므로 사용에 주의를 요합니다.
알코올	소독용 알코올로는 에탄올과 이소프로판올 그리고 메탄올이 있으며 메탄올은 각막 손상 및 중독 증상을 유발할 수 있으므로 사용하지 않습니다. 농도가 진하다고 소독 효과가 좋은 것이 아니며, 에탄올의 경우 70퍼센트 에탄올이 100퍼센트 에탄올보다 살균력이 훨씬 우수합니다. 에탄올과 이소프로판올은 주사 부위를 소독하는 데 주로 사용됩니다.
클로르헥시딘액	0.02~0.05퍼센트 용액은 상처와 화상 소독, 0.5퍼센트 용액은 수술 부위 소독에 사용됩니다. 5퍼센트 클로르헥시딘액을 구매한 경우 0.05퍼센트를 만들기 위해서는 미온수에 100배 희석해야 합니다. 농도가 짙으면 강한 자극성 냄새로 인해 기침을 유발할 수 있고 원액을 그대로 점막에 사용하면 약품에 의해 화상을 입을 수 있으므로 절대 원액 그대로 사용하지 말아야 합니다.

강아지들끼리의 싸움, 다른 동물과의 싸움, 고양이 발톱에 할큄, 나뭇가지, 곤충 교상, 흙이나 먼지에 의한 긁힘, 눈썹에 의한 자극 등에 의해서 쉽게 눈에 상처가 날 수 있습니다.

차창 밖으로 고개를 내밀고 다니다 날아다니는 이물질 파편에 의해 눈에 상처를 입기도 하고 사람용 향수와 같은 화학 제품을 강아지 주변에 분무하거나 엎질렀을 때도 눈에 일시적인 자극이 유발될 수 있습니다. 가구의 모서리, 펜스의 일부분, 낚싯바늘, 공구류와 같은 날카로운 물체들도 눈이나 눈 주변의 유약한 조직에 닿으면 상해를 입힐 수 있습니다.

알레르기나 경미한 자극에 의한 눈 가려움증이 있어도 강아지가 지속적으로 눈 주변을 긁거나 문지르게 되면서 각막 궤양이나 열상이 유발될 수 있습니다.

육안으로 보이는 것보다 상해 정도가 심할 수 있고, 눈은 손상 시 진행이 빨라 시력을 잃는 응급 상황도 생기므로 바로 동물병원에서 진료를 받아야 합니다.

1. 눈을 가늘게 뜨거나 깜빡이는 경우

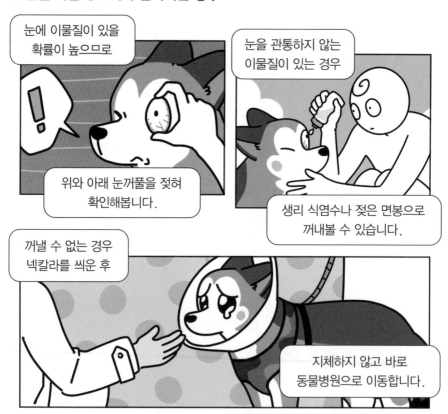

🐾 눈에 관통상이 있으면 넥칼라를 씌운 후 바로 동물병원으로 이동해야 합니다.

2. 눈을 찡그리고 눈물을 많이 흘리며 눈의 흰자위가 붉게 충혈된 경우

눈을 긁었거나 눈에 화학 약품 등 자극이 되는 물질이 들어갔을 때

이러한 증상이 발생합니다.

이물질이 없는 경우에 한해서 젖은 직물로 눈을 덮고 붕대를 감은 후

넥칼라를 씌우고 바로 동물병원으로 이동합니다.

눈에 약품이 들어가거나 화상을 입었을 때는

깨끗한 물로 최소한 10분 정도 눈을 씻어준 다음

화학 약품의 안내문을
휴대폰으로 촬영하거나 용기를 지참하고

강아지와 함께
동물병원으로 이동합니다.

3. 눈꺼풀이 멍들고 찢어진 경우

이 경우는 대개 싸우거나
외상에 의한 것인데

부종을 줄여주기 위해서
냉찜질을 10분간 실시하고
동물병원으로 이동합니다.

4. 눈에 분비물이 많이 생긴 경우

눈에 이물질이 있는지 확인하고 미지근한 물이나
강아지 전용 안구 세정제로 눈을 씻어줍니다.

넥칼라를 씌운 후
동물병원으로 이동합니다.

주의 사항

강아지가 눈에 상해를 입었다면
침착하게 강아지를 안정시켜
바로 동물병원에 가야 합니다.

자가 치료를 시도해서는
절대 안 됩니다.

눈 주변 세척이 가능하면 몸을 타올로 감싸고
눈 주변을 생리 식염수로 천천히 씻기되
렌즈 세척액은 사용하면 안 됩니다.

안구가 돌출된 경우는
응급 상황이므로
바로 동물병원으로 가서
진료를 받아야 합니다.

안구 돌출 시 임의로 안구를 밀어 넣어서는 안 됩니다.

이렇게 조치를 취한 후 동물병원에 가면 눈물 생성량, 각막 궤양이나 열상의 검사, 안압 측정 등을 받게 됩니다. 진단 결과에 따라 안약을 처방받거나 안검 플랩과 같은 수술적인 치료를 받습니다.

안약을 처방받고 귀가했다면 처방받은 대로 정확한 투약 횟수를 지켜 투약합니다. 안약이 여러 종류인 경우 종류별로 최소한 10분 정도의 간격을 두고 넣어야 이전에 넣은 약물의 효과가 유지됩니다. 일정 기간 투약 후에는 반드시 재검진을 통해 눈 상태가 호전되고 있는지 파악해야 하며 최초 치료 시점보다 눈 상태가 나빠지는 것으로 보일 때는 지체하지 말고 바로 재검진을 받아야 합니다. 대부분의 눈 손상은 눈을 긁거나 문지르는 것을 예방하기 위해 넥칼라 착용을 요합니다.

출혈

발톱이 부러지거나 귀 끝에 상처가 난 경우에는 육안으로 출혈을 관찰할 수 있지만, 가슴이나 배 속의 출혈은 관찰할 수 없는 데다 더 위험하기도 합니다. 짧은 시간 동안 많은 양의 혈액이 소실되면 쇼크가 발생하고 잇몸이 창백해지고 호흡이 빨라지며, 심박수가 증가하고 저혈압이 동반됩니다. 이런 상황에서 즉시 치료를 받지 못하면 장기 기능이 손상되고, 영구적인 장애가 생기거나 죽을 수도 있습니다.

다친 강아지를 이동할 때는 강아지와 사람 모두의 안전이 중요합니다. 겁을 먹었거나 통증이 있으면 아무리 순한 강아지라도 물 수 있으므로 가능하다면 주변 사람의 도움을 받아 담요 같은 것으로 몸과 목 부위를 고정한 뒤 입마개를 씌우고 이동하도록 합니다.

부위별 지혈 조치에 대해 알아보개!

1. 발에 출혈이 생겼을 때

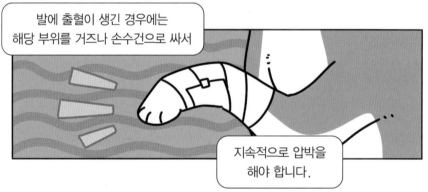

발에 출혈이 생긴 경우에는 해당 부위를 거즈나 손수건으로 싸서

지속적으로 압박을 해야 합니다.

가벼운 출혈이라면 10분 이내로 지혈이 됩니다.

2. 발톱이 부러졌을 때

발톱이 부러진 경우에는 출혈이 간헐적으로 발생하면서 통증을 유발합니다.

지혈제 파우더가 있다면 뿌려 지혈합니다.

지혈제가 구비되어 있지 않다면

수건으로 감싼 후

가까운 동물병원으로 가서 지혈 처치를 받아야 합니다.

3. 발바닥에 상처가 생겼을 때

발바닥의 두툼한 패드 쪽에 절단상이나 열상찢어진 상처이 생긴 경우

유리나 쇠, 나뭇가지 등 이물질이 박혔는지 관찰한 후

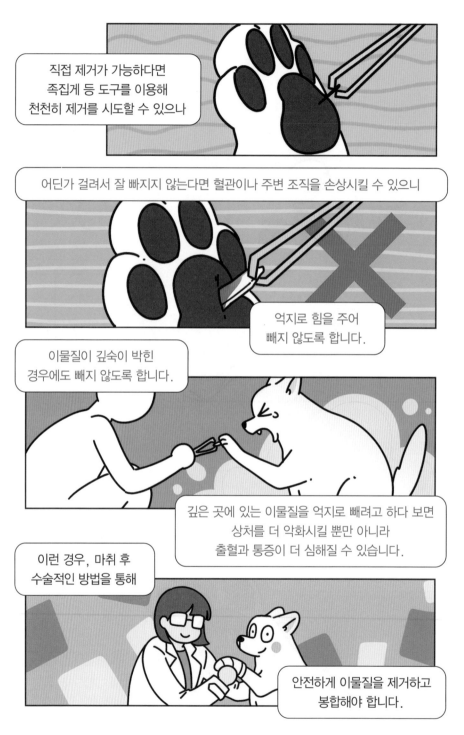

오물이나 작은 파편들이 묻어 있는 경우

천천히 흐르는 수돗물이나
차가운 물로 발을 세척해 제거합니다.

강아지가 발을 디디면서
재출혈이 발생하기도 합니다.

최장 15분 이내 지혈이 되지 않으면
바로 응급 진료를 받아야 합니다.

4. 다리에 열상이 생겼을 때

주요 동맥이나 정맥이 손상되어
출혈이 심한 경우가 종종 있습니다.

깨끗한 수건으로 상처 부위를 감싼 후 단단하게 고정합니다.

가능하다면 다리를 가슴 쪽에 위치한 심장보다 높게 들어줍니다.

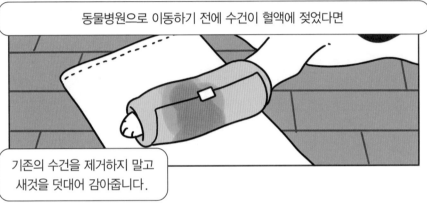

동물병원으로 이동하기 전에 수건이 혈액에 젖었다면

기존의 수건을 제거하지 말고 새것을 덧대어 감아줍니다.

혈액에 젖은 수건을 무리하게 떼다가 굳은 혈액이 떨어지면 출혈이 다시 발생할 수 있습니다.

5. 작은 절단창에서 이물질이 발견되었을 때

작은 절단창에서 이물질이 발견되었다면

쉽게 제거가 가능한 경우에 한해 이물질을 제거합니다.

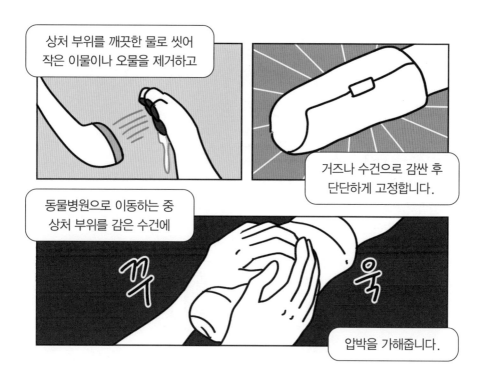

6. 몸통에 출혈이 생겼을 때

가슴 부위의 경우
숨을 쉬는 것이 방해받지 않도록

너무 단단히 테이프를
감는 것은 피합니다.

강아지가 숨을 쉴 때
물을 빨아들이는 듯한
소리가 들린다면

상처 부위에 수건을 단단히 고정하고
즉시 응급 처치를 받을 수 있도록
가까운 동물병원으로 이동해야 합니다.

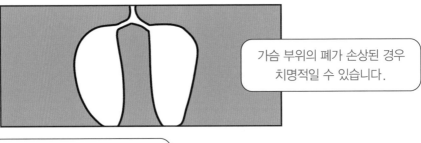

가슴 부위의 폐가 손상된 경우
치명적일 수 있습니다.

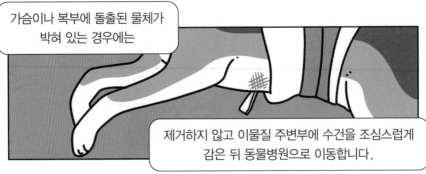

가슴이나 복부에 돌출된 물체가
박혀 있는 경우에는

제거하지 않고 이물질 주변부에 수건을 조심스럽게
감은 뒤 동물병원으로 이동합니다.

7. 귀에 출혈이 생겼을 때

귀에는 혈관이 많이 발달해 있어

강아지가 머리를 흔들면 귀가 나풀거리다가 출혈이 자주 발생합니다.

거즈나 수건으로 양쪽 귀를 머리 위로 올려 고정한 후

머리와 목 주변을 테이프로 감싸도록 합니다.

목 부위를 너무 조이면 호흡에 방해가 되므로 조심해서 테이프를 감습니다.

두 손가락이 들어갈 수 있는 정도면 됩니다.

강아지가 다친다면 많이 놀라겠지만

빠른 응급 처치를 시행해야 더 나쁜 상황을 막을 수 있개!

6장
강아지가
아픈 것 같아요

사람과 강아지는 말이 통하지 않기 때문에

강아지가 보내는 수많은 아픔의 신호를 주의깊게 살펴야 합니다.

강아지들이 아픈 상태인지 어떻게 확인할 수 있을까요?

오늘 날씨  흐림

오늘은 몸이 너무너무 아팠다.
아프다구 계속 얘기해 봤는데
엄마 아빠는 잘 모르는 것 같아.
어떻게 말해야 하지 ???

아픔의 징조

강아지에게 행동이나 자세 변화 그리고 구토나 식욕 부진 같은 이상 증상이 나타나면 어딘가 아프지 않은지 의심해봐야 합니다. 동물들은 자기방어 측면에서 아픈 것을 본능적으로 숨기는데, 야생에서는 아파 보이면 다른 동물들로부터 공격의 대상이 되기 때문입니다.

다음 증상이
1~2일 이상 지속될 때는
진찰을 받아봅니다!

- 식욕이 줄 때
- 무기력하거나 평상시와 다르게 잘 놀지 않을 때
- 구토를 할 때
- 설사를 할 때
- 다리를 절 때
- 침을 과도하게 흘릴 때
- 음수량이 급격히 증가할 때
- 소변을 자주 보거나, 평상시와 다르게 소변 실수가 잦을 때
- 변비가 생길 때
- 몸을 심하게 긁고 털이 건조할 때
- 자주 헐떡이거나 쌕쌕거리는 소리를 낼 때
- 콧물이 나거나 충혈되어 보일 때
- 특정 부위를 만지면 아파할 때

응급 진찰을 요하는 증상

잇몸이 파랗거나 하얗고 창백할 때

숨 쉬는 것을 힘들어할 때

쓰러지거나 의식이 없을 때

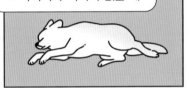

빙빙 돌거나 어지러운 듯 보일 때,
보행 시 균형을 잡지 못할 때

배가 빵빵할 때

발작할 때

크게 혹은 과도하게 울거나
만지면 물려고 할 때

체온이 40도 이상이거나
37도 이하일 때

인지 기능에 문제가 있을 때

급성으로
심한 통증이 있을 때는
몸의 한 부분을 특히 만지지
못하게 할 수 있개.

발열

발열은 질병에 의해 체온이 상승하는 상태로, 다양한 병리적 상황에서 발생하는 임상 증상입니다. 체온이 증가하면 말초 혈관이 확장되고 헐떡이게 되며 근육의 운동이 감소합니다. 많은 사람이 강아지의 코가 마르고 따뜻하면 열이 있는 것으로 알고 있지만, 이것만으로 열이 있다고 판단하기에는 부족할 때가 종종 있습니다.

강아지의 정상 체온은 37.5~38.5도로 사람보다 2도 정도 높개!

강아지에게 열이 있을 때 나타나는 증상들을 알아보개.

눈이 충혈됨

기력 없음

귀가 따뜻함

떨거나 식욕이 없음

기침이나 구토가 동반되기도 함

코가 따뜻하고 건조함

발열의 원인은 무엇일까요?

열이 나는 원인은 치아, 귀, 폐, 신장, 간과 같은 장기의 감염 및 염증, 세균이나 바이러스 감염, 부동액이나 사람 약 또는 자일리톨 같은 독성 물질의 섭취, 면역 매개성 질환, 종양, 교상, 예방접종 등 다양합니다. 이중 예방접종에 의한 발열은 대개 접종 후 1~2일 이내 발생하고, 며칠 내 자연적으로 사라집니다.

열 재는 방법을 알아보개!

귀나 이마의 체온을 재는 사람용 체온 측정계는 결과치의 변동이 심해 결과가 부정확하므로 사용하지 않습니다.

전자 체온계를 직장에 넣어 직접 측정하는 방법을 사용합니다.

체온계를 강아지의 직장에 넣기 전 바세린을 조금 발라주면 부드럽게 넣을 수 있어요.

1분 정도 측정한 뒤, 결과가 나오면 천천히 체온계를 뺍니다.

강아지의 체온이 40도가 넘으면
내부 장기의 손상이 유발되므로

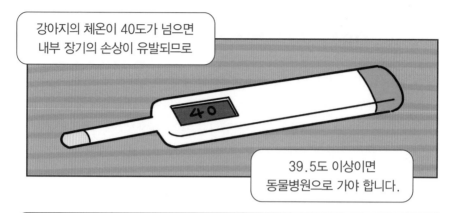

39.5도 이상이면
동물병원으로 가야 합니다.

체온을 내리기 위해 차가운 물수건으로 발이나 귀 주변을 마사지하며
선풍기 바람을 쐬게 해주고 물을 마실 수 있도록 도와줍니다.

체온이 39.5도 이하로
떨어지면 중단해도 됩니다.

열이 있다고 해서
강아지에게 사람용 해열제인
타이레놀이나 아스피린을 먹이면

심각한 중독증을 유발할 수 있기 때문에
절대 먹여서는 안 됩니다.

기침은 폐에서 큰 잡음을 동반한 공기가 갑자기 배출되는 것으로, 호흡기 내에 먼지나 세균, 바이러스, 자극적인 냄새나 연기 그리고 이물질 같은 것이 유입되었을 때 다시 배출하기 위한 정상적인 보호성 반사입니다. 기침은 호흡기를 청소하는 역할을 하지만, 지속적으로 심한 기침을 할 경우 감염원의 전파, 호흡기 점막 자극과 염증 악화, 폐포의 과도한 확장으로 인한 폐 공기증 유발, 기도의 파열로 인한 기흉 유발 등으로 이어질 수도 있습니다. 기침으로 인한 고통 역시 몸을 매우 힘들고 지치게 만듭니다.

강아지들의 기침은 켄넬코프, 홍역, 인플루엔자, 심장사상충, 곰팡이 감염과 같은 전염성 질환과 노령견의 경우 심부전에 의한 폐부종(폐수종) 등도 원인이 될 수 있개.

기침이 이틀 이상 지속되거나 점점 심해질 때

바로 동물병원으로 향해야 합니다.

열이 나고 음식을 먹지 않을 때는

기침이 너무 심하고 호흡을 힘들게 하는 경우는

폐렴으로 발전한 것일 수 있으니 입원 후 산소 공급과 수액 치료를 받아야 합니다.

다견 가정일 경우,
기침을 하는 강아지는 따로
문을 닫을 수 있는 방에 격리해야

공기로 질병이 전파되는 것을
막을 수 있습니다.

콧물

콧물은 호흡기 통로를 통해 콧구멍으로 나오는 액체입니다. 장액, 점액, 고름, 출혈, 그리고 복합적인 형태로 나오는데, 맑은 장액성 콧물이 지속되는 경우는 알레르기의 가능성이 높고, 흰색이나 노란색의 농성 콧물은 세균이나 바이러스 감염을 의심해보아야 합니다. 출혈성 콧물은 종양, 외상, 지혈 장애가 원인일 수 있습니다. 그 밖에 알레르기, 바이러스나 세균, 곰팡이 같은 감염증, 이물질 혼입, 지혈 장애, 중독, 외상, 종양, 선천적 비강 협착 등도 원인이 됩니다. 또 보스턴테리어, 불독, 퍼그와 같은 단두종 강아지들에게서 콧물이 나기 쉽고 호흡기 질환이 잘 발생합니다. 콧물은 재채기, 기침, 가려움증, 코 주변을 긁는 행동, 깊은 호흡, 호흡 곤란, 식욕 감소, 무기력 등과 동반되기도 하는데 이러한 증상을 보이면 동물병원에서 진찰을 받아보도록 합니다.

눈곱이 많이 끼면서 급성으로
재채기나 콧물 증상이 나타났다면

바이러스나 세균
감염증인 경우가 많고

콧속에 종양이 있는 경우

처음에는 맑은 콧물이 나오다
출혈이 발생할 수 있습니다.

한쪽에서만 콧물이
나오는 경우는

번갈아가
아닌

한쪽
에서만!

이물질, 종양, 치아 뿌리 부분의
염증 때문일 가능성이 높습니다.

알레르기로 인한 콧물이라면
동물병원에서 알레르기 테스트를 받고

약 복용, 저알레르기 사료 섭취와
제한 식이를 통해 치료할 수 있습니다.

저알레르기
사료

저알레르기
사료

식분증

변을 먹는 것은 사람들에게는 역겨운 행동이지만 강아지들에게는 자주 일어날 수 있는 일입니다. 돌, 흙, 나무, 풀, 다른 동물의 변을 먹거나 땅바닥을 핥는 행동을 이식증이라고 하며, 식분증은 그중 대변을 먹는 이식증입니다.

 식분증의 원인은 무엇일까요?

1. 자연적인 행동

어미 개는 4주령 이전 강아지들의 배변이나 배뇨 자극을 위해서 항문과 생식기 주변을 핥아주는데, 그 과정에서 대변과 소변을 자연스럽게 먹게 됩니다. 이런 행위는 문제 행동이 아니라 본능적인 것이며, 새끼의 몸과 주변 환경을 청결히 유지하려는 행동입니다.

2. 배고픔과 식욕 과다

굶주리거나 영양 상태가 나쁜 강아지들에게서 주로 관찰되지만, 영양 상태가 좋은 강아지들도 배고픔을 느끼는 경우 변을 먹을 수 있습니다. 음식에 지나친 강박 관념이 있는 강아지들은 씹어서 맛이 나쁘지만 않으면 무엇이든지 먹으려고 합니다. 고양이의 변을 먹는 강아지도 있는데, 이는 사료 성분 때문에 단백질 함량이 높아 흥미를 느끼기 때문입니다.

3. 질병

어떤 질병들은 변을 먹도록 유도할 수 있으며, 이때 식욕 혹은 이물질 섭취 경향이 증가하기도 합니다. 기생충 감염이나 이자 기능 부족췌장 기능 부전과 같은 질병을 앓고 있는 경우 변의 냄새나 밀도가 변화하기 때문에 강아지들이 자신의 변을 먹을 수 있습니다.

4. 불안, 공포, 스트레스

무서운 감정을 느끼거나 스트레스를 많이 받은 경우 자신의 변을 먹으려고 할 수 있습니다. 이는 자발적인 진정 작용 기전에 의한 것입니다. 또 배변 실수를 하고 혼나지 않기 위해 변을 먹어 흔적을 없애기도 합니다. 사람의 관심을 끌기 위해 변을 먹거나 밟아 냄새를 풍기기도 하는데, 일반적으로 사람과 함께 있을 때 이와 같은 행동을 합니다.

Q. 변을 먹으면 무엇이 문제인가요?

변 속에 있는 세균이나 기생충이 강아지의 입이나 침을 통해 사람이나 다른 동물 들에게 전파될 수 있습니다. 강아지의 변을 바로바로 치울 수 없다면 손을 잘 씻고 강아지의 입 주변을 청결하게 닦아주는 습관을 들여야 합니다. 강아지에게서 구취가 나기 때문에 양치질도 잘 해주어야 합니다. 알레르기가 있는 강아지의 경우 변에 남아 있던 소화되지 않은 음식물 찌꺼기가 알레르기 반응을 심하게 유발할 수 있다는 점도 유의합니다.

Q. 어떻게 해야 식분증을 멈추나요?

기생충 감염이 의심되는 경우, 우선 분변 검사를 받아 기생충의 종류를 파악해야 합니다. 그 후 종류에 맞는 구충제를 투약합니다.

이자 기능 부족이 원인일 경우 사료를 소화하기 용이한 처방식으로 교체하고 소화 효소를 첨가해 음식물의 분해, 흡수를 도와야 합니다. 파인애플에 소화 효소가 많이 들어 있으므로 통조림이 아닌 생파인애플을 심과 껍질을 제거해 급여하는 것도 소화에 도움이 됩니다.

질병으로 인한 식분증이 아니면 대부분 행동학적 이상에 해당합니다. 식분증은 자기 보상 행위여서 멈추기가 쉽지 않습니다. 집 주변에 다른 동물들의 배설물이 없도록 깨끗이 청소하고, 강아지가 변을 볼 때마다 바로바로 치워주어야 합니다. 강아지들은 변을 보면 바로 먹으려고 할 수 있기 때문에 항상 주의를 기울여야 하며, 야외에서는 줄을 채운 상태에서 배변하게 한 뒤 배변 직후에 줄을 당겨 주의를 보호자에게로 돌려야 합니다. 그런 다음 바로 변을 치웁니다.

또 다른 식분증 교정 방법으로 변에서 매운 맛이 나게 하는 첨가제와 처방 약을 섞는 방법이 있습니다.

다음 (음수 과다), 다뇨

음수 과다는 강아지 체중 1킬로그램당 하루 100밀리리터 이상의 물을 섭취하는 경우를 말하며, 건강한 강아지는 사료의 수분 함량, 환경 온도와 습도에 따라 1킬로그램당 하루 50~60밀리리터의 물을 섭취합니다. 대부분의 수분 조절 장애는 신장의 이상으로 발생하며, 원발성 다뇨 증상이 발생하면 이를 보상하기 위해 물을 많이 마시게 되는 다음음수 과다 증상이 나타납니다.

테리어종의 경우는 쿠싱병부신 피질 기능 항진증, 도베르만은 만성 간염, 노령의 암컷 개라면 아데노 칼시노마와 같은 종양과 자궁 축농증에 의해 다음, 다뇨 증상이 발생할 수 있습니다. 또 스테로이드제나 이뇨제, 항경련제를 투약하고 있는 경우 항이뇨 호르몬ADH의 분비가 억제되어 다음, 다뇨 증상이 발생하기도 합니다. 당뇨병, 쿠싱병, 애디슨병부신 피질 기능 저하증, 간 종양, 신우신염, 신장 종양의 경우에도 다음, 다뇨 증상이 발생합니다.

비만은 영양 과다와 운동 부족으로 인해 체지방이 과도하게 증가한 상태를 말하는 영양학적 질환입니다. 어릴 때 과식으로 인해 지방 세포 수가 증가하는 '증식형 비만'과 성견이 된 뒤 지방 세포의 크기가 커져 발생하는 '비대성 비만'으로 분류할 수 있습니다. 비만은 강아지의 25~44퍼센트, 고양이의 6~12퍼센트에서 발생한다는 통계가 있으며, 모든 연령대에서 두루 발생하지만 특히 5~10세 사이의 강아지에게 빈번합니다. 중성화를 마치고 실내 생활을 하는 강아지에게도 발생률이 높습니다.

비만인 강아지에게는 어떤 증상이 있을까요?

체중 증가	췌장염
체지방 과다	지방간
운동을 꺼림	당뇨
무기력	치유 지연
열에 대한 불내성	기관지 협착
관절통	난산
심근 내 지방 축적	불규칙한 생리 주기

비만의 원인은 무엇일까요?

비만은 고칼로리 음식, 식단의 잦은 변화, 잦은 간식 섭취, 중성화 후 식사량 조절 실패와 같은 건강하지 않은 식사 습관으로 유발됩니다. 비만의 진행은 2단계로 나눌 수 있는데, 첫 번째 단계에서는 칼로리 섭취 과다로 인한 체지방 축적으로 체지방이 증가하게 됩니다. 두 번째 단계는 음식 섭취와 에너지 소모가 균형을 유지하면서 체중이 증가하는 상태로, 이때는 비만으로 활동량이 줄기 때문에 상대적으로 소모하는 칼로리도 줄어들게 됩니다. 두 번째 단계가 되면 보호자 입장에서는 조금 먹는데도 체중이 증가한다는 느낌을 받습니다.

코커스패니얼, 래브라도레트리버, 스코티시테리어, 콜리 등의 견종에서는 유전적으로 비만이 발생할 수 있으며 복서, 폭스테리어 등의 견종에서는 비만 발생률이 비교적 낮습니다. 수컷보다는 암컷의 비만율이 더 높습니다. 보호자가 중년 이상이고 활동량이 적고 비만일 경우, 간식이나 사람 음식을 자주 급여할 확률이 높기 때문에 강아지가 비만이 될 확률이 높습니다. 또한 보호자가 출근하면 집 안에만 갇혀 있는 강아지들도 활동량이 적어 비만이 되기 쉽습니다. 활동 수준 저하, 대사율 감소, 유전적 혹은 내분비 장애로 에너지 소모량이 감소되면 비만이 더욱 악화될 수 있습니다.

갑상샘 저하증, 인슐린종insulinoma, 쿠싱병과 같은 질병도 비만을 유발합니다.

강아지의 건강을 위해 실천해보개!

- 사람 음식을 주지 않아요.
- 매일 산책을 해요.
- 장난감을 이용하는 육체 활동을 매일 15분 이상, 1일 2회 실시해요.
- 간식은 훈련 시 보상으로만!
- 체중 감량용 사료를 급여해요.

체중 감소

　체중 감소는 배설되는 필수 영양분의 양이 공급되는 양을 초과해 칼로리가 부족한 상태로 유지되는 신체 상태를 말합니다. 영양 결핍 시에는 소모할 수 있는 칼로리가 제한적이기 때문에 체내 지방이 소모됩니다. 탈수나 복수, 부종의 제거 시 체액이 손실되어 체중 감소가 일어나기도 합니다. 여기서는 체액 소실로 인한 체중 감소는 제외하고 영양 결핍으로 인한 체중 감소에 대해서만 다루고자 합니다.

체중 감소가 심하면 어떤 증상이 생길까요?

점막이 창백해짐	피부 출혈
부종	마르고 주름지면서 탄력 없는 피부
건조하고 부서지는 털	생리 불순
치주 질환	중증의 침울한 상태
저혈압	생식기 위축

체중 감소의 원인은 무엇일까요?

체중 감소를 일으키는 원인은 다양합니다. 칼로리 부족, 질 나쁜 사료 섭취, 영양분 소화 흡수 장애, 과도한 칼로리 소모, 기호성이 낮은 사료나 상한 음식 섭취, 염증성 장 질환, 만성 단백 소실성 장 질환, 기생충 감염, 종양, 신경계 이상, 육체 활동 증가, 추위에 지속적으로 노출된 경우, 임신이나 수유 상황, 발열, 세균 또는 바이러스 감염, 췌장염, 간이나 담낭 질환, 신장 질환, 심장 질환, 부신 피질 기능 이상, 당뇨, 갑상샘 항진증, 만성 출혈, 곰팡이 감염, 피부 질환, 식도 마비 등으로 체중이 감소될 수 있습니다.

소양감

소양감은 긁거나 핥으려는 욕구를 유발하는 불쾌한 감각을 말합니다. 소양감을 유발하는 주원인 물질로는 히스타민이 있으며, 히스타민은 세균, 곰팡이, 비만 세포, 상피 세포, 백혈구로부터 분비됩니다.

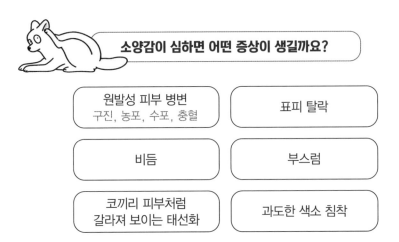

소양감이 심하면 어떤 증상이 생길까요?

원발성 피부 병변 구진, 농포, 수포, 충혈	표피 탈락
비듬	부스럼
코끼리 피부처럼 갈라져 보이는 태선화	과도한 색소 침착

강아지들은 종종 뒷다리로 귀 뒷부분, 겨드랑이 부위를 긁거나 몸을 가구류 등에 비비는 행동을 하면서 가려움을 경감시키려고 합니다.

너무 가렵개!

소양감은 왜 생기는 것이개?

소양감의 원인은 무엇일까요?

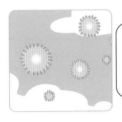

알레르기

외부 자극이 있거나 다른 촉발 원인이 있을 때 재채기와 같은 호흡기 반응이 먼저 생기고, 실내 생활을 주로 하다 봄철에 야외 활동을 하게 되면 꽃가루와 같은 자극 물질들이 피부를 자극합니다. 청소용 세제나 도장용 화학 제품, 새로운 간식이나 사료도 알레르기를 유발할 수 있습니다.

피부 건조증

목욕을 한 지 며칠 지나지 않았는데 강아지 특유의 냄새가 풍기고, 심하게 몸을 핥는 행동을 보일 때가 있습니다. 강아지의 몸에서는 천연 오일 성분이 분비되어 피부가 건조하지 않게 유지되는데, 너무 잦은 목욕은 오일 성분이 피부에 골고루 분포, 흡수되는 과정을 방해합니다. 잦은 목욕으로 오일 성분이 벗겨지면 피부가 건조해지면서 가려움증이 발생하는 것이지요. 피부가 건조하거나 민감한 강아지는 저자극성 샴푸나 저알레르기성 샴푸로 목욕하고 항상 린스와 보습도 해주어야 합니다.

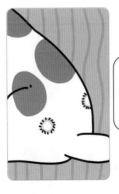

곰팡이 감염

곰팡이균의 감염으로 피부에 동그랗게 벌레 먹은 것처럼 병변이 생기기 때문에 '링 웜' 이라고도 합니다. 여름철에 주로 발생하지만, 겨울철에 히터를 과다하게 사용할 때도 발생할 수 있습니다. 곰팡이의 아포는 수개월간 잠복하고 있기 때문에 강아지가 생활하는 공간이나 침실, 옷, 식기류 등은 모두 예방 차원에서 소독하고 청결하게 관리해야 합니다. 곰팡이균은 사람에게도 옮기 때문에 더욱 주의를 요합니다.

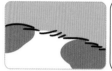	피부 표면 자극	자상이나 찰과상 부위, 털이 엉킨 부위, 교상 부위 등 피부 표면에 자극이 생기면 긁게 되고 이때 2차 세균 감염이 발생해 고름이 나오게 됩니다.
	옴진드기 감염	면역력이 약한 어린 강아지나 노령견에게서 잘 발생합니다. 주로 귀에 가까운 얼굴 주위를 긁기 때문에 사선으로 상처가 나는 경우가 많습니다.
	스트레스	강아지가 홀로 집에 남겨지면 분리 불안이나 지루함으로 인해 놀이 요소를 찾으려고 합니다. 놀이 요소가 마땅치 않을 때, 베개를 뜯어 놓거나 신발을 물어뜯는 등의 행동을 하는데 그래도 만족하지 못하면 몸을 긁기도 합니다.
	환경	습도가 부족한 환경도 피부를 건조하게 만들어 반복적으로 긁는 행동을 유발할 수 있습니다.

소양감을 줄이려면 어떻게 해야 할까요?

- 30분을 초과하지 않게 찬물에 몸을 적셔줍니다.
- 살리실산이나 아세트산이 함유된 약용 샴푸는 신경 말단의 자극을 일시적으로 경감시켜줍니다.
- 열이 가해지면 소양감이 심해질 수 있으니 피하도록 합니다.
- 동물병원을 찾아 수의사의 조언에 따릅니다.

탈모

탈모는 모낭 구조의 이상, 모발 성장 주기 변경에 의한 모발 기능 이상, 모발 축의 구조적인 이상, 외상에 의한 탈락으로 인해 피부 표면이 완전히 노출되고 털이 없는 상태를 말합니다. 탈모는 부분적 또는 전신에 발생할 수 있으며, 내분비, 림프계, 면역계 이상 시에도 영향을 받을 수 있습니다. 탈모는 개의 나이, 품종, 성별에 관계없이 발생하며, 점진적으로 진행되는 경우도 있지만 급성으로 진행되기도 합니다.

탈모의 원인은 무엇일까요?

탈모의 원인은 옴진드기, 모낭충, 외상, 세균이나 곰팡이 감염, 면역 이상, 내분비 이상 등입니다. 탈모가 있는 작은 구획들이 몸 여기저기에 있다면 모낭에 감염이 있을 수 있습니다.

탈모 치료는 일반적으로 약용 샴푸, 해당 질병에 대한 내복약, 연고로 가능하고

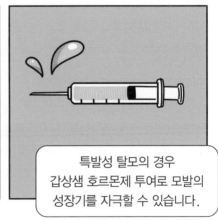

특발성 탈모의 경우 갑상샘 호르몬제 투여로 모발의 성장기를 자극할 수 있습니다.

탈모에 대한 예방법은 정해진 것이 없으며 주기적으로 강아지의 피부 상태나 탈모 여부를 관찰해야 합니다.

타액이 과도하게 분비되는 상태를 유연 과다라고 합니다. 구강 내에 고여 있는 타액을 삼키지 못해 흘러내리는 상태를 가성 유연증이라 말하지요. 타액은 구강과 귀밑, 혀 밑 등에 위치한 타액선에서 지속적으로 분비되는데, 뇌줄기에 위치한 타액 핵이 미각과 같은 자극에 의해 흥분하면 타액 분비량이 증가합니다.

사람의 타액과 달리 개와 고양이의 타액은 소화 효소가 많지 않고, 음식물을 부드럽게 만들어 구강, 인두, 식도로 잘 이동할 수 있도록 윤활 작용을 합니다.

과도한 침 흘림의 원인은 무엇일까요?

1. 통증이 있을 때

구내염, 인두염, 식도염같이 통증을 유발하는 병소나 이물질이 입안이나 소화기 계통에 있을 때는 삼키는 행위가 힘들어져 침을 흘리게 됩니다.

2. 해부학적인 이상이 있을 때

해부학적인 이상이 있으면 입에서 타액이 흘러내리기 때문에 타액 분비가 과도한 것처럼 보일 수 있습니다. 독소나 부식성 인자, 이물질을 섭취했을 때도 타액 분비량이 늘어납니다.

3. 선천성 질환을 가지고 있을 때

문맥전신순환단락과 같은 선천성 질환이 있는 어린 강아지의 경우 타액 분비가 많을 수 있습니다. 정상적인 몸에서는 문맥 정맥이 간으로 들어가 혈액 내 독소를 해독하지만, 단락이 발생한 경우에는 문맥 정맥이 다른 정맥으로 연결되어 혈액이 간을 우회하게 됩니다. 요크셔테리어, 말티즈, 미니어처슈나우저 등의 견종에서 자주 발병됩니다. 간성 뇌증이나 요독증이 있는 경우 암모니아나 요소와 같은 독소가 구역질을 일으키기 때문에 침 흘림이 심해질 수 있습니다. 미니어처슈나우저, 저먼셰퍼드, 그레이트데인, 샤페이, 그레이하운드, 레트리버 등의 견종은 유전적으로 식도 확장이 자주 발생해 침을 많이 흘릴 수 있습니다.

4. 자이언트 품종견일 때

세인트버나드, 마스티프와 같은 자이언트 품종견의 경우 정상적으로 과다한 침 흘림 증상을 보입니다.

5. 환경과 상태

고온 다습한 환경이나 강아지가 흥분 또는 예민한 상태인 경우 침 흘림이 심할 수 있습니다.

유연 과다를 일으키는 질병과 병발 증상

구내염과 같은 구강 내 병변이나 위장관 질환, 전신성 질병 시

식욕 부진과 침 흘림 증상이 발생합니다.

구강 질환이나 뇌신경 장애 시에는 단단한 음식을 거부하고 아픈 쪽으로 먹지 않으려 하며

음식을 먹는 동안 머리를 평소와 다른 자세로 틀고 음식을 흘리는 등의 행동 변화를 보입니다.

유연 과다를 일으키는 질병은 다양합니다. 현재의 건강 상태, 예방접종 유무, 투약 중인 약물, 독소에 노출되었을 가능성 등 병력을 미리 파악하는 것이 중요합니다.

원인 진단 후 치료를 해야 하며, 장기간 유연 과다로 영양 상태가 불량한 경우 수액 처치를 통해 영양을 공급해야 합니다. 입술 주변이 타액으로 장기간 젖어 있으면 피부염이 발생하므로 바세린 등의 연고를 발라줍니다.

배에서
소리가 나요 강아지의 배에서 발생하는 잡음을 복명음이라고 합니다. 혈액 내 가스 성분이 확산될 때, 탄산수소염중탄산염에서 이산화탄소가 발생할 때, 공기를 흡입할 때, 그리고 장내 세균이 탄수화물을 발효하는 과정에서 발생한 가스가 장을 이동하면서 꾸룩거리는 소리가 나게 됩니다. 장내에 가스가 일부 존재하는 것은 정상이며, 장운동 시 가스가 이동하면서 조용하고 부드러운 복명음이 발생합니다.

강아지 배에 귀를 대지 않고도 꾸룩거리는 소리가 들린다면 이상이 있을 수 있으므로 원인을 파악해야 합니다. 물론 배고플 때처럼 위험하지 않은 상황에서도 소리가 날 수 있습니다.

비정상적인 복명음은 장내에 다량의 가스가 있을 때나 비정상적으로 장운동이 항진된 경우 발생합니다.

배에서 소리가 나는 원인은 무엇일까요?

1. 배가 고플 때

복명음의 가장 흔한 원인입니다. 굶은 강아지의 장은 음식물이 없는 상태이므로 가스 대 음식물 비율이 높고, 비어 있는 장이 음식물 섭취를 재촉하는 반응으로 활동성을 보이면서 꾸르륵거리는 소리가 나게 됩니다.

강아지가 먹지 말아야 할 이상한 것을 먹은 경우에도 잡음이 발생합니다.

예민하거나 식탐이 강하면 공기 흡입을 많이 하게 되어 위 내 가스가 증가할 수 있습니다.

2. 지방과 단백질이 많은 음식을 먹었을 때

콩, 밀, 젖당, 지방과 단백질이 많은 음식을 섭취할 경우 가스가 다량 발생할 수 있습니다.

3. 무분별한 식이 섭취

쓰레기나 사람 음식 등 무분별하게 음식을 섭취할 경우 종종 위에서 잡음이 발생합니다. 이때 심한 경우 구토나 설사를 동반하기도 하며 췌장염과 같은 질병이 발생하기도 합니다.

4. 여러 질환

이자 외분비 부전이나 소장 질환으로 흡수 장애가 있는 경우에도 장내 가스가 많이 발생합니다. 장내 기생충, 염증성 장 질환, 위장관 이물, 출혈성 위장염, 중독증, 약물 부작용, 간이나 신장의 대사 이상, 호르몬 이상, 장내 종양에 의해서도 복명음이 발생합니다.

만약 아침에 복명음이 발생했다면
아침밥을 챙겨주고

챱! 챱!

평상시처럼 잘 먹고 나서
복명음이 멈췄는지 관찰해봅니다.

무기력하거나 식욕이 떨어지고
배에서 소리가 나는 경우

꾸르륵

구토나 설사를 할
가능성이 높으므로

소화하기 쉬운 죽이나

처방식힐스 i/d 또는 로얄캐닌 인테스티널
로우팻을 급여하는 게 좋습니다.

배고픔으로 인한
복명음은 괜찮지만

큰 복명음을 동반하는 장 경련은 심한 통증을 유발하기 때문에
강아지가 아파하면 동물병원에서 진료를 받아야 합니다.

변비

강아지들은 하루 2~3회 정도 배변합니다. 변비는 변이 배출되기 힘든 상태나 변을 자주 볼 수 없는 상태를 말하며 변비에 걸리면 변이 아주 단단하고 건조해집니다. 직장과 결장 전체에 변이 막혀 배변을 할 수 없는 심한 상태는 변폐라고 하는데, 이때는 직장과 결장의 운동성 저하와 심한 확장이 특징인 거대 결장이 동반됩니다.

변비가 있을 때는 강아지가 변을 천천히 보면서 힘을 더 많이 주게 되고

변이 정상의 변보다 더 단단하고 검으며 습기가 없이 말라 있으면서 크기도 더 작개!

변비의 원인은 무엇일까요?

1. 식이 섬유 부족

음식에 식이 섬유가 충분하지 못한 경우 변비가 드물게 발생할 수 있습니다.

2. 운동 부족

비만 혹은 활동량이 부족한 경우 짧은 시간에 배변하는 것이 힘들어질 수 있습니다. 규칙적으로 운동을 하지 않거나, 움직이기를 싫어하거나, 익숙하지 않은 환경 등에 갇혀 있어 활동에 제약이 생긴 강아지들에게 변비가 발생할 수 있습니다.

3. 물 섭취가 필요한 경우

탈수가 있으면 변이 결장 내에서 움직이지 않고 정체됩니다. 강아지가 물을 충분히 섭취하지 않으면 결장 내에 남아 있는 변의 수분을 흡수하게 되고, 이후 변이 배출될 때 윤활 작용을 할 수분이 부족해 변비가 생기게 됩니다.

4. 스트레스

스트레스 또한 변비의 흔한 원인입니다. 여행이나 이사 등 환경의 갑작스러운 변화를 겪은 강아지는 배변을 참으려 할 수 있습니다.

5. 노령견

노령견에게는 변비가 자주 발생합니다. 특히 폴립, 종양이 있거나 수컷 강아지의 경우 전립선 비대증 등의 질환이 있을 때도 변비가 발생합니다. 변비가 있는 강아지가 변을 보려고 할 때 혈액이나 점액이 나올 수 있는데, 이 경우 결장염을 의심해야 합니다.

변비가 심하지 않은 경우
사료에 물이나 강아지용
우유를 섞어주거나

삶은 호박을 하루 2회
사료와 함께 급여하면 소화 및
배변에 도움을 줄 수 있습니다.

강아지의 변비 증상이
2일 이상 지속되거나

물을 많이 마시는데도
변비가 지속될 경우,

식이 요법에도 반응이 없고
변을 보려고 힘을 주는데도

변이 전혀 나오지 않으면
변비가 심해지고 있다는 뜻입니다.

강아지가 배변을 하지 못하면
장내 분변으로 인한
폐쇄가 일어나므로

동물병원에서 진찰을
받아야 합니다.

복부 팽만은 방광 파열, 종양성 혈관구조물, 염전복부 장기 꼬임, 외상에 의한 복강 내 출혈, 위 확장의 경우를 제외하고는 잠행성으로 진행됩니다. 복막염, 쿠싱병의 경우에는 복부 팽만이 서서히 진행되며 방광의 팽만이나 폐색, 변비, 임신, 자궁 수종, 자궁 축농증, 간 종대, 신장 종대, 비장 종대, 심부전에 의한 복수가 있을 때도 복부 팽만이 종종 발생합니다.

고창증

고창증은 위나 장에 가스 또는 공기가 차서 팽창하는 것을 말합니다. 위나 장 내에 가스가 생기고 축적되는 것은 정상적인 생리 현상이지만, 위장관 질병이 있는 경우는 장내 가스 생산이 증가해 심한 고창증이 발생하기도 합니다.

고창증을 비롯한 복부 팽만의 원인을 알기 위해서는 사료의 종류, 먹는 습관, 배변 습관을 파악해야 하며 식탐이 많은 강아지의 경우 공기 흡입이 잦기 때문에 복부 팽만이 더 자주 발생합니다. 변에 점액, 혈액, 지방 성분이 있는지 분변 검사를 실시하고 현미경으로 기생충의 알, 지방, 근섬유, 섬유소, 적혈구 등이 있는지 확인해야 합니다.

흡수 장애가 의심되는 경우에는 이자의 외분비 기능 검사를 해야 합니다. 사료를 잘 먹고 구토는 없지만 변이 모양 없이 나올 때도 검사를 하는 것이 좋습니다.

드물게는 음식 알레르기로 인해 설사와 복부 팽만이 발생합니다. 음식 알레르기가 의심된다면 알레르기 테스트를 하고 3주 이상 저알레르기 처방식을 급여합니다.

배가 너무 빵빵하지는 않은지 잘 살펴봐야 하개.

복통

복통은 흔히 발생하는 증상입니다. 복강 내 장기의 기능 이상이나 염증, 심한 폐렴 또는 디스크 질환, 관절염, 복막염과 같이 간접적으로 복통을 일으키는 질환들이 주원인입니다.

어린 강아지들은 전염병이나 무분별한 식습관으로 인해 종종 복통을 겪습니다.

떨거나 움직이기 싫어하고, 식욕이 없으며, 아파서 울거나 통증이 덜한 자세를 유지하기 위해 평상시와 다른 자세를 취하는 모습을 보입니다.

복막염이 있는 강아지는 움직이기 싫어하고 얕은 숨을 쉬면서

복막의 움직임을 최소화하기 위해

앞다리를 바깥으로 뻗고

뒷다리는 바르게 서는 자세를 취합니다.

햇빛이 강하게 비치는 곳이나 밝은 곳에 있는 동안 눈을 가늘게 뜨는 것은 정상이지만, 강한 빛이 없는데도 눈을 계속 가늘게 뜨고, 눈물을 많이 흘리거나 눈을 심하게 문지르고, 눈에서 점액과 고름 같은 분비물이 나오는 경우에는 눈에 이물질이 들어갔거나, 각막 궤양, 감염, 외상, 녹내장, 안구 건조증 등을 의심해야 합니다.

이러한 상태는 생명을 위협하지는 않지만 자칫 실명을 유발할 수 있으므로 위와 같은 증상이 나타나면 바로 진찰을 받는 게 좋습니다.

강아지의 눈에 눈썹 또는 털, 작은 나뭇조각 같은 이물질이 들어가면 자극이 발생하는데

대부분은 시간이 경과하면 눈물에 씻겨 나오지만

이물질이 나오지 않고 눈에 박혀 배출이 지연되는 경우에는

바로 동물병원에 가서 진찰을 받습니다.

안구의 감염 시에도 통증이 유발되며

이로 인해 입을 벌릴 때 아파하는 증상이 관찰될 수 있습니다.

눈 주변과 얼굴을 긁거나 문지르는 행위를 하면

넥칼라를 씌우고 바로 진찰을 받아야
질환이 악화되는 사태를 막을 수 있습니다.

**귀가 잘
안 들리는 것
같아요**

강아지는 생후 10일부터 소리를 들을 수 있습니다. 명령어에 따르도록 훈련받지 않은 강아지들의 경우 청력을 진단하기 어렵습니다.

어떻게 확인할 수 있을까요?

청력 장애는 소리를 내서 반응 여부를 살피는 단순한 방법으로 진단할 수 있습니다. 강아지가 잠들어 있을 때 갑자기 큰 소리를 내어 반응하는지 보는 것이 가장 좋은 방법 중 하나입니다. 강아지들은 주의를 기울일 때면 헐떡이는 것을 잠시 멈추는데, 이런 행동 변화를 관찰하는 것도 좋은 방법입니다.

달마시안은
선천성 청각 장애를
지닐 가능성이 커요.

수컷의 생식기 분비물은 외부 생식기, 원위부 요도, 방광에서 분비됩니다. 원인을 찾기 위해서는 전립선, 신장, 요관, 방광, 요도, 외부 생식기를 모두 검사해야 하며 분비물의 성상에 따라 출혈성, 농성고름, 장액성으로 분류합니다.

출혈성 분비물

종양, 외상, 결석, 전립선 질환, 염증에 의해 주로 발생하며

급성 전립선염과 전립선 농양, 종양은 발열, 식욕 부진, 통증, 침울함과 같은 전신 증상을 동반하기도 합니다.

포피의 농성 분비물

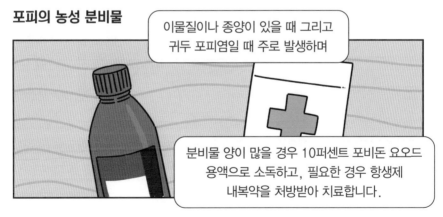

이물질이나 종양이 있을 때 그리고 귀두 포피염일 때 주로 발생하며

분비물 양이 많을 경우 10퍼센트 포비돈 요오드 용액으로 소독하고, 필요한 경우 항생제 내복약을 처방받아 치료합니다.

장액성 분비물

장액성 분비물은 전립선 낭종이 있을 때 발생할 수 있으며, 육안으로는 비뇨기 유래인지 전립선 유래인지 구분이 어려우므로 방광에서 채취한 소변과 분비물을 각각 분석해 검사해야 합니다.

• 장액성 분비물: 엷고 투명한 황색의 장액 같은 분비물

질 분비물은 외부 생식기와 자궁에서 분비됩니다. 원인을 찾기 위해서는 난소, 자궁, 질, 신장, 요관, 방광, 요도, 외음부를 모두 검사해야 하며 분비물의 성상에 따라 점액성, 출혈성, 농성으로 분류합니다.

소량의 점액성 질 분비물은 임신 여부와 상관없이 정상입니다. 점막세포를 염색해서 검사하면 상피 세포, 백혈구, 세균이 조금 검출될 수 있습니다. 발정 후기에는 점액량이 다소 많이 분비될 수 있습니다. 그러나 발정기와 무관하게 점액이 다량 분비된다면 생식기 주변에 종양이 있을 수 있습니다.

출혈성 질 분비물

발정 전기와 출산 후 6주간은 출혈성 질 분비물이 분비되는 것이 정상입니다. 출산 후 2~3주 사이에는 냄새가 없는 녹색 혹은 적녹색 분비물이 나오며, 점차 양이 줄면서 맑은 장액 혈액성 분비물로 바뀝니다.

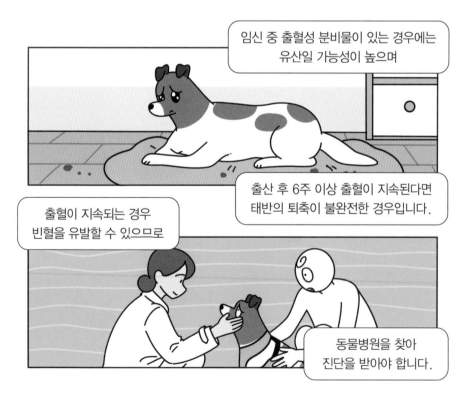

임신 중 출혈성 분비물이 있는 경우에는 유산일 가능성이 높으며

출산 후 6주 이상 출혈이 지속된다면 태반의 퇴축이 불완전한 경우입니다.

출혈이 지속되는 경우 빈혈을 유발할 수 있으므로

동물병원을 찾아 진단을 받아야 합니다.

농성 질 분비물

급성 자궁 내막염과 자궁 축농증은 자궁 유래의 농성 질 분비물의 원인이 됩니다. 급성 자궁 내막염은 출산 후 초기나 유산 후, 또는 짝짓기 후 발생할 수 있으며 대장균과 같은 균이 검출될 수 있습니다. 분만 지연, 태반 정체, 질염 또한 요인이 될 수 있으며, 이때는 분비물 양이 많고 악취가 납니다.

자궁 축농증의 경우
개방형과 폐쇄형이 있으며

생식기 부분에서 분비물이 노란색~적갈색으로
다양하게 분비되며 심한 악취가 납니다.

개방형의 경우 분비물이
질로 다량 배출되고,

폐쇄형의 경우
분비물은 배출되지 않지만

배가 불러오면서 발열, 침울, 식욕 부진, 구토,
음수 과다, 설사 등의 증상이 나타날 수 있습니다.

적절한 치료가
이루어지지 않으면

패혈증으로 이어져
죽음에 이르기도 합니다.

7장
자주 걸리는
질병

소중한 가족인 강아지들을

고통스럽게 만드는 질병들은 어떤 게 있을까요?

미리 질병에 대해 알아보고 대비하도록 해요.

오늘 날씨  비

오늘은 아파서 병원에 갔다.
병원에 며칠 더 있어야 한다고 해서
엄마 아빠는 집으로 갔다. 한밤 두밤
자면 다시 집에 갈 수 있을까?

췌장염

췌장은 소화 효소를 분비해 음식물을 소화하고 인슐린을 분비해 혈당을 조절하는 역할을 합니다. 췌장에 염증이 발생하면 효소가 소화기에 유입되지 않고 다른 장기의 지방과 단백질을 분해하게 됩니다. 췌장에 가까운 신장, 간과 담도가 영향을 받아서 복부가 팽창하고 감염이 발생하기도 하며, 췌장과 인접 장기에서 출혈이 생기는 경우에는 쇼크로 죽기도 합니다. 췌장염은 종종 급속도로 진행되기도 하므로 췌장염이 의심되는 경우에는 바로 진찰을 받아야 합니다.

 췌장염의 원인은 무엇일까요?

췌장염의 원인은 고지혈증, 고칼슘 혈증, 췌장의 외상, 약물이나 독소, 고지방 저탄수화물 식이에 의한 비만 등이 될 수 있습니다. 사람이 먹는 음식을 많이 먹는 것도 췌장염의 원인이 됩니다.

췌장염은 모든 견종에서 발생하지만, 미니어처슈나우저, 미니어처푸들, 코커스패니얼에서 더 흔하게 발생하며, 수컷보다는 암컷에서 그리고 노령견에서 더 잘 발생합니다.

 췌장염의 증상은 무엇일까요?

췌장염이 발생하면 발열, 구토, 설사, 식욕 부진, 체중 감소, 탈수, 피로, 복통, 침울, 심박수 증가, 호흡 곤란의 증상을 보일 수 있습니다.

> 췌장염을 예방하기 위해서는
> 지방을 과잉 섭취하지 않는 것이 중요하개!

간 기능 장애

간은 혈액 내의 노폐물들을 해독하고, 약을 먹었을 때 약물을 분해합니다. 에너지원을 대사시키고, 비타민과 당원을 저장하며, 지방 소화에 관련된 담즙을 생성하고, 지혈에 필요한 주요 단백질을 만듭니다. 이처럼 간의 역할이 다양하기 때문에 간에 질병이 생기면 여러 증상이 발생합니다. 간 질환은 종종 다른 장기에도 영향을 끼칩니다.

간이 나빠지면 어떤 증상이 나타날까요?

가장 흔한 증상 중 하나가 황달입니다. 눈의 흰자위, 잇몸, 귀 안쪽, 배 부위 피부가 노랗게 되는 현상이지요. 간은 적혈구의 분해 산물인 빌리루빈이라는 물질을 배설하는 역할을 하는데, 간이 이 기능을 하지 못하면 혈액 내 빌리루빈 수치가 상승하고 피부가 노랗게 변하는 증상이 발생합니다.

간성 뇌증은 간 질환의 흔한 후유증 중 하나입니다. 간성 뇌증이 있으면 발작, 방향 감각 상실, 침울함, 실명, 성격의 변화와 같은 신경 증상이 나타납니다.

간 질환의 다른 흔한 증상은 위장관 증상으로 식욕 감소, 구토, 설사, 체중 감소, 음수량과 배뇨량 증가, 변 색깔의 변화입니다. 또 간 질환이 악화되면 배 속에 물이 차는데 이를 흔히 복수라고 합니다.

간은 전염성 질환에 특히 민감합니다.

모든 혈액은 간을 통과하므로 간은 다양한 감염성 질병에 특히 민감합니다. 세균, 바이러스, 기생충, 곰팡이에 간이 감염되기도 하는데, 가장 흔한 감염병은 전염성 간염 바이러스이며 간에 염증과 상처를 유발합니다. 전염성 간염 바이러스는 종합 예방접종에 포함되어 있으므로 예방이 가능합니다. 2주 간격으로 5회 접종 후에 항체 형성 유무를 파악할 수 있습니다.

사람과 마찬가지로 강아지의 신장도 혈액 내 물질들의 균형을 조절해야 하고 체내 노폐물들을 소변으로 여과해 배출해야 합니다. 신장은 체내의 염분과 수분의 농도를 정상으로 유지시키는 기능을 하며 혈압을 조절하고 칼슘 대사와 인 수치를 유지하는 데 도움을 줍니다. 그리고 적혈구 생성 호르몬에 도움을 주는 에리트로포이에틴을 생산합니다.

신장이 제대로 기능하지 못하면 혈액 내에 독소가 축적됩니다.

신부전의 증상은 무엇일까요?

수분 섭취 증가, 소변량의 증가 혹은 감소, 불안과 침울함, 식욕 저하, 구토, 설사, 구강이나 피부의 궤양, 숨 쉴 때 악취, 체중 감소, 혈뇨, 구강 점막 창백해짐, 비틀거림 등입니다. 이러한 증상들이 보이면 바로 진찰을 받아야 합니다.

급성 신부전

급성 신부전은 신장의 기능이 갑작스럽게 감퇴하는 것으로 단 며칠에 걸쳐서 발생합니다. 부동액, 중독성 약물, 부패한 음식물 등을 먹었을 때 발생하며, 요로계 폐쇄, 감염, 신장으로의 혈액이나 산소 공급이 감소했을 때도 발생합니다. 바로 치료하면 교정되는 경우가 많습니다.

만성 신부전

만성 신부전은 생애 전 기간에 걸쳐 치료해야 하고 대부분 노령견에서 서서히 발전하기 때문에 원인을 찾는 것이 쉽지 않습니다. 원인 중에는 내재 질환과 선천성 혹은 유전적인 질환도 있으나 치석으로 인한 감염으로 발생하는 경우도 많습니다. 치석이 심해지면 세균이 혈관으로 유입되어 여러 장기를 침범하고 심장이나 간과 신장에 비가역적인 손상을 유발합니다.

울혈성 심부전

　　개들의 심장 질환은 대부분 울혈성 심부전심장 기능 상실으로 발전합니다. 심장이 혈액을 전신으로 보내는 역할을 하는 데 있어 문제가 발생하는 것으로 심장의 한쪽 혹은 양쪽 모두에 문제가 생길 수 있습니다. 수년간에 걸쳐 진행되기도 합니다.

　　선천적으로 심장에 결함이 있거나 나이가 들면서 발생하기도 하며, 심장사상충 감염과 먹는 음식, 운동 또한 중요한 역할을 합니다.

　　5~8년령의 개에서는 10퍼센트, 9~12년령의 개에서는 20~25퍼센트, 13년령 이상의 개에서는 30~35퍼센트가 발병한다는 통계 보고가 있습니다.

심장 질환의 증상은 무엇일까요?

　　심장 질환의 초기에는 운동 후 혹은 잠자기 몇 시간 전에 평상시와 다르게 기침을 하거나 쉽게 피곤해하고 숨 쉬거나 운동하는 것을 힘들어하며 1분당 호흡수가 증가합니다. 심장 질환이 악화되면 복수로 인해 배가 불룩해지고 저산소증으로 인해 잇몸이나 혀의 색이 청회색으로 변하고 체중이 감소하며, 혈전으로 인해 뇌로 가는 혈류량이 줄어들어 실신하기도 합니다.

폐부종 (폐수종)

　　폐부종은 폐에 액체가 축적되는 것으로 빈혈, 기도 폐색, 뱀에 의한 교상, 심부전, 종양, 전기 감전이나 두부 손상과 같은 외상을 포함한 여러 가지 원인으로 인해 발생합니다.

　　폐부종은 약물 치료로 호전되기도 하지만 원인에 따라 장기적인 치료 결과가 다를 수 있습니다. 심부전으로 인한 폐부종의 경우는 대개 재발이 되며, 외상에 의한 경우는 정도가 심하지 않으면 회복 후 재발되지 않습니다.

폐부종의 증상은 무엇일까요?

기침, 호흡 곤란과 빠른 호흡, 개구 호흡^{입을 벌리고 숨을 쉼}, 푸른 입술 또는 혀^{청색증}, 실신 등이 나타납니다.

어떻게 관리해야 할까요?

폐부종은 예방이 불가능하므로 만성 심부전인 경우 지속적으로 약을 복용함으로써 질병이 악화되지 않게 합니다. 질병 단계별로 치료 약물을 선정해야 하므로 주기적인 검진으로 병의 진행 과정을 면밀히 파악해야 합니다.

복수

복수는 배 속에 액체가 쌓여 배가 팽창되는 상태를 말하며 장기의 기능이 떨어졌을 때나 단백질 수치가 낮을 때 종종 발생합니다. 심장 판막 이상에 의한 심부전, 췌장염과 같은 장기의 질병, 고혈압을 유발하는 상태에서는 액체와 혈액 성분이 장기에서 복강 내로 새어 나올 수 있습니다. 배 속에 액체가 쌓이면 액체가 장기를 압박하므로 불편한 느낌과 통증, 호흡 곤란이 발생합니다.

복수가 차면 어떤 증상이 나타날까요?

액체의 축적으로 인한 복부의 팽창, 식욕 부진, 호흡 곤란, 복부의 불쾌감, 복통, 체중 증가 등의 증상이 나타나며, 상태가 악화되면 저칼륨 혈증, 기력 저하, 무기력, 구토, 설사, 실신, 수면 장애, 심한 헐떡임, 기침, 잇몸이 창백해지는 청색증, 발작, 소변량 증가, 음수량 증가, 쇼크가 발생하기도 합니다.

**기관지
협착(허탈)**

　기관지 협착증은 강아지들에게 있어 기도 폐쇄의 흔한 원인 중 하나입니다. 기관지와 기관은 링 모양의 연골이 연결된 파이프와 같아 폐로 들어가고 나오는 공기의 흐름 통로가 됩니다. 기관지의 링이 협착되면 그 속을 통과하는 공기가 압착되어 눌리고 이로 인해 거위 울음소리와 비슷한 소리가 나면서 기침을 하게 됩니다.

기관지 협착의 증상은 무엇일까요?

　거위 혹은 오리 울음소리와 운동 능력 저하, 숨 쉬기 힘들어함, 잇몸이나 혀의 청색증 등의 증상이 나타납니다. 흥분, 식사나 음수, 연기나 먼지로 인한 기관지의 자극, 비만, 운동, 덥고 습한 날씨에 의해서 기침이 유발될 수 있습니다.

어떤 견종에서 많이 발생할까요?

　치와와, 미니어처푸들 및 토이푸들, 요크셔테리어와 같은 견종에서 호발하며 나이대에 상관없이 발생할 수 있지만 평균적으로는 6~7년령에서 많이 발생하는 것으로 알려져 있습니다.

어떻게 관리해야 할까요?

　비만인 강아지의 경우 체중 감량이 기관지의 압박 정도를 감소시켜줄 수 있습니다. 산책을 할 때 목줄보다는 하네스를 사용해 기관지 자극을 줄여주고 장시간 산책이나 운동은 피합니다. 고온 다습한 환경에 있거나 차 안에 혼자 두었을 때 심하게 짖는 경우 증상이 심해질 수 있습니다.

쿠싱병

내분비 계통은 몸에서 호르몬을 생산하고 분비하는 분비선들의 집합체이며 그중 한 호르몬이 코르티솔입니다. 코르티솔이 정상 수치 내에 있으면 스트레스에 반응하거나 면역계를 조절하는 등 유용한 기능을 수행하지만 너무 많이 분비되면 몸에 손상을 주게 됩니다. 코르티솔이 과도하게 분비되는 상태를 부신피질호르몬 항진증 또는 쿠싱병이라고 합니다. 강아지들에게 가장 흔한 호르몬 장애 중 하나이며, 대체로 중·노년기에 발생합니다.

쿠싱병의 증상은 무엇일까요?

① 갈증과 요량의 증가로 인한 음수 과다와 다뇨
② 야뇨증 또는 배뇨 실수
③ 잦은 헐떡임
④ 배가 불룩해짐
⑤ 비만
⑥ 대칭성 탈모
⑦ 기력 저하
⑧ 근육 소실
⑨ 불임
⑩ 피부가 검게 착색됨
⑪ 피부가 얇아짐
⑫ 흰색의 단단한 딱지가 피부에 발생함
⑬ 피부에 멍이 든 것 같은 자국이 생김

갑상샘 저하증

갑상샘은 모든 세포의 대사를 조절하는 가장 중요한 호르몬 장기이 며, 목에 위치한 기관지의 양옆에 하나씩, 모두 두 개입니다. 갑상샘 은 뇌하수체에 의해 조절되며, 뇌하수체는 뇌의 기저부에 자리 잡고 있습니다. 몸의 대사율을 조절하는 기능을 하므로 과도하면 몸의 대사가 지나치게 활발해지고갑상샘 항진증 부족하면 대사가 떨어집니다갑상샘 저하증.

어떤 견종에서 많이 발생할까요?

골든레트리버, 닥스훈트, 도베르만, 코커스패니얼, 아이리시세터에게 잘 발생합 니다.

갑상샘 저하증의 증상은 무엇일까요?

① 식욕 증가 없이 체중이 증가함

② 기력 저하와 운동 욕구 결핍

③ 쉽게 추워함

④ 탈모와 건조하고 거친 모질

⑤ 피부가 얇아짐

⑥ 피부가 검게 착색됨

⑦ 피부 및 귀에 염증이 잘 생김

⑧ 미용 후 털이 잘 자라지 않음

⑨ 혈중 콜레스테롤 증가

⑩ 심박수 저하

⑪ 얼굴 부위 피부가 두꺼워짐

⑫ 발을 끌거나 머리를 기울이고 있음

⑬ 암컷의 생리 불순

⑭ 눈 각막에 지방이 침착됨

⑮ 안구 건조증

갑상샘 항진증

갑상샘 항진증은 갑상샘에 의해 갑상샘 호르몬이 과잉 생산되는 것을 말합니다. 강아지에게는 드물게 발생합니다. 목에 있는 두 개의 갑상샘 중 하나 혹은 두 갑상샘이 커지면서 갑상샘 호르몬을 과다 생성하게 됩니다. 양쪽 갑상샘이 모두 커지는 경우가 흔합니다.

갑상샘 항진증의 증상은 무엇일까요?

① 체중 저하
② 식욕 증가
③ 불안 및 활동성 증가
④ 변덕스럽거나 공격적인 행동 증가
⑤ 모질 불량
⑥ 심박수 증가

⑦ 음수량 및 소변량 증가
⑧ 간헐성 구토
⑨ 대변량 증가 혹은 설사
⑩ 간헐적인 호흡 곤란
⑪ 의기소침, 기력 저하

당뇨병

당뇨병은 위의 아랫부분에 있는 췌장에 문제가 생겨 발생하는 질환입니다. 췌장에는 두 가지 주요한 기능이 있는데 하나는 소화에 필요한 효소를 분비하는 것이고 다른 하나는 인슐린을 분비해 혈액 내의 혈당치를 조절하는 것입니다. 당뇨병은 췌장이 혈당을 조절하지 못해 발생합니다.

당뇨병의 증상은 무엇일까요?

갈증의 증가, 요량 증가, 체중 감소, 식욕 증가의 네 가지가 주요 증상입니다. 초기에 음수 과다, 다뇨, 식욕 증가가 나타나고 증상이 악화되면서 식욕 부진, 기력 저하, 구토, 체중 감소, 백내장, 재발성 감염 증상이 나타나게 됩니다.

당뇨병은 케이스혼트, 풀리, 미니핀, 사모예드, 푸들, 닥스훈트, 미니어처슈나우저, 비글에게 흔히 발생하며 쿠싱병, 비만, 췌장염과 같은 질병이 있을 때 더 잘 발생합니다.

디스크
(추간판 디스크
질환, IVDD)

우리가 흔히 말하는 디스크는 척추와 척추 사이에서 완충 작용을 하는 원형의 부분입니다. 척추 사이의 공간이 좁아지면서 디스크가 돌출 혹은 파열되고 척수라는 신경을 압박해 통증을 유발하는 상태를 추간판 디스크 질환IVDD이라고 합니다. IVDD는 아주 가벼운 통증부터 아주 심각한 정도의 통증과 신경의 마비까지 다양한 증상으로 나타납니다.

또는 어떤 자극이 되는 요인이 있을 때까지 명확한 증상이 나타나지 않을 수도 있습니다. 겉으로 보기에 건강한 강아지가 어느 날 점프하거나 어디에선가 낙상을 당했을 때 디스크가 파열되면서 증상이 나타날 수 있습니다. IVDD가 점점 퇴행성으로 발전하다가 점프나 낙상의 충격으로 이미 약해져 있는 디스크에 손상이 가면서 급성으로 질병 상태를 유발하는 것이지요.

디스크 부분이 단단하게 경화되어도 디스크가 부으면서 척수를 압박하게 되고 방광이나, 장과 연관된 신경을 손상시키고 마비를 유발할 수 있습니다.

IVDD의 증상은 점진적으로 나타나거나, 간헐적 혹은 갑자기 나타날 수도 있습니다. 목, 네 다리, 등이 경직되고 배가 단단해지며, 뒷다리를 끌고 다니거나 발등이 굽어 주먹을 쥔 듯이 보입니다. 또 등이 굽어 보이면서 서 있을 때 고개를 낮게 떨구고, 움직이거나 만지려 할 때 예민하게 반응하고, 요실금이나 변실금이 나타나며 등이나 근육이 떨리고 마비 증상이 생깁니다.

어떤 견종에서 많이 발생할까요?

어느 종의 개에게도 발생할 수 있지만 허리가 긴 견종과 연골 형성에 장애가 있는 견종의 3~6년령에 특히 잘 발생하며, 바셋하운드, 웰시코기, 비글, 불독, 코커스패니얼, 닥스훈트, 페키니즈, 시츄, 푸들, 저먼셰퍼드, 골든레트리버, 도베르만과 비만견에서 흔히 발생합니다.

어떻게 관리해야 할까요?

디스크의 손상을 예방하기 위해서는 체중을 적정 수준으로 유지하고 목과 등에 무리가 가지 않도록 하며, 산책 시에는 목줄보다 어깨줄이나 하네스를 사용합니다. 점프하지 않도록 소파나 침대에 강아지용 계단이나 연결용 경사로를 설치하는 것이 좋습니다.

폐출혈

흉부에 직접적인 외상이 생기면 폐가 파열되면서 호흡이 힘들어집니다. 출혈의 정도에 따라 생명을 위협하는 손상을 유발할 수 있으므로 상태를 파악하는 것이 중요하며 동물을 이동시킬 때는 척수 손상이나 골절이 있을 수 있으므로 항상 주의해야 합니다.

폐출혈이 있으면 겉으로는 손상 부위가 없어 보여도 기흉, 혈흉흉강 내 출혈, 늑골 골절, 동요흉이 같이 발생할 수 있습니다.

폐출혈의 증상은 무엇일까요?

빠른 호흡, 호흡 곤란, 숨을 크게 쉼, 복부와 흉부의 통증, 기침, 구토, 청색증 또는 점막이 창백해지는 증상이 나타납니다. 또 실신하거나 폐음 이상, 코 혹은 구강으로의 출혈, 부정맥 등이 나타날 수 있습니다.

**면역 매개성
용혈성 빈혈
(IMHA)**

적혈구는 몸 안에서 산소를 운반하고 이산화탄소를 제거하는 데 중요한 역할을 하는 세포입니다. 빈혈은 적혈구의 수치가 정상보다 떨어졌을 때 혹은 적혈구가 적절한 기능을 하지 못할 때 발생합니다. 빈혈을 유발하는 질환은 아주 다양하며, 적혈구의 감소는 출혈, 적혈구의 손상, 새로운 적혈구 생산에 장애가 생겼을 때 모두 나타날 수 있습니다. 면역 매개성 빈혈은 골수에서 손상된 세포를 대체하기 위해서 생산한 적혈구를 몸의 면역계가 마치 바이러스나 세균처럼 외부에서 온 이물질로 오인하여 파괴하는 현상을 말합니다. 자가 면역성 용혈성 빈혈이라고도 합니다.

IMHA의 증상은 무엇일까요?

잇몸과 같은 점막이 창백해지고 쉽고 피로하거나 불안해하며, 숨을 얇고 빠르게 쉬고, 빈맥, 식욕 저하, 체중 감소, 흑색 변 등의 증상이 나타납니다. 이러한 증상들은 기저 질환의 종류에 따라 다양하게 나타나며, 일부 예에서 경증 혹은 초기 IMHA의 경우 증상이 전혀 없는 경우도 있습니다.

체리아이

모든 강아지들에게는 제3안검 혹은 순막이 있으며 눈물의 35~50퍼센트를 생성하는 샘이 있습니다. 순막은 아래 눈꺼풀에서 코와 가까운 부분에 있으며 바람이나 이물질, 먼지 등으로부터 눈을 보호하는 기능을 합니다.

체리아이는 순막을 연결하는 결합 조직이 약해지거나 손상된 경우 눈 안쪽 부분에 숨어 있는 순막이 밖으로 돌출되는 증상을 말합니다. 순막은 붉은색을 띠고 돌출 시에 둥근 모양으로 보이므로 색깔과 모양이 체리와 비슷하다고 하여 체리아이라고 불립니다. 체리아이가 있으면 염증이나 감염이 발생할 수 있고 지속되면 안구 건조증이 발생하므로 초기에 치료해주는 것이 좋습니다.

어떤 견종에서 많이 발생할까요?

　바셋하운드, 비글, 복서, 불독, 카발리에 킹찰스스패니얼, 코커스패니얼, 라사압소, 페키니즈, 미니어처푸들, 세인트버나드, 퍼그, 샤페이, 시츄, 보스턴테리어, 웨스트하일랜드 화이트테리어에게 잘 생깁니다.

각막 궤양

　각막은 눈의 투명한 부분으로 눈 앞쪽의 검은자위 제일 바깥 면을 덮고 있습니다. 그 밑으로 홍채와 동공이 있어요. 각막 궤양은 각막의 깊은 층이 손상되었을 때 발생하며, 궤양은 표재성과 심부 궤양으로 분류합니다.
　각막에 궤양이 발생하면 눈물이 많이 나고 통증으로 눈이 가늘게 떠지며 눈 흰자위 부분 혈관이 충혈되어 붉게 보이고 빛에 민감하게 반응합니다. 발로 눈 주변을 문지르게 되어 눈 주변에 눈곱이 많이 낍니다.

 어떤 견종에서 많이 발생할까요?

　퍼그, 보스턴테리어, 페키니즈, 복서, 불독, 시츄와 같이 주둥이가 짧고 눈이 큰 종에게 잘 발생합니다.

각막 궤양의 원인은 무엇일까요?

　각막 궤양의 원인은 외상, 감염, 눈물 생성 부족, 안면 신경 마비, 이물질, 화학 물질에 의한 화상 등입니다. 외상은 대개 다른 강아지나 고양이와 놀거나 싸울 때 발생하고 이물질 혹은 눈썹에 의한 자극에 의해서도 발생합니다. 눈이 안구에서 돌출되어 나온 경우에는 바로 진찰을 받아야 합니다. 이동할 때는 목줄 대신 가슴줄을 착용해 안구에 압력이 가해지지 않도록 합니다.

백내장

백내장은 눈의 수정체 부분이 하얗게 혼탁해지고 시력에 장애를 주는 상태를 말합니다. 백내장 부위가 작은 경우 시력에 큰 방해가 되지는 않으나 병이 진행되면 두텁고 조밀하게 백내장이 형성되어 눈이 보이지 않게 됩니다.

백내장은 노령, 외상, 유전적인 소인, 당뇨병과 같은 질병이 있을 때 발생하며 1~3년령의 어린 강아지에게도 선천적으로 발생하는 경우가 있습니다.

강아지의 눈 검은자 부위가 흐려지거나 청회색을 띠면 바로 진찰을 받아야 합니다. 백내장을 치료하지 않고 그냥 두면 수정체가 탈구되어 눈 속의 안방수 배출이 차단되고 녹내장이 발생해 시력을 잃게 됩니다.

백내장은 또한 안구 내에서 염증을 유발하여 심한 통증을 야기하기도 합니다.

 어떤 견종에서 많이 발생할까요?

아메리칸 코커스패니얼, 폭스테리어, 비숑프리제, 실키테리어, 미니어처·스탠더드푸들, 미니어처슈나우저, 보스턴테리어에서 유전적으로 잘 발생합니다.

녹내장

녹내장은 안 내의 압력이 상승된 상태를 말합니다. 안구 내의 각막과 수정체 사이 공간에 안방수라 불리는 맑고 점성이 있는 액체가 있는데, 이 안방수는 안구 조직에 영양물질을 공급하고 안구의 형태를 유지하는 역할을 합니다.

안방수의 생산과 배출이 균형을 이룰 때 안압이 정상적으로 유지되는데, 녹내장의 경우에는 대부분 안방수가 배출되는 통로가 막힌 상태에서 안방수 생성이 지속되므로 안압이 증가하고 안구가 커집니다. 빨리 진단하고 치료하지 않으면 시신경과 주변 혈관의 압박으로 인해 안압이 급격하게 상승해 24시간 이내에도 실명할 수 있습니다. 안압이 많이 높지 않은 경우에도 수주에서 수개월간 서서히 안압이 상승하므로 주기적으로 검진하는 것이 안전합니다.

어떤 견종에서 많이 발생할까요?

선천적인 녹내장과 후천적인 녹내장이 있습니다. 선천적인 녹내장은 래브라도 레트리버, 바셋하운드, 아메리칸 코커스패니얼, 비글, 샤페이에게 주로 발생합니다. 안방수가 배출되는 홍채와 각막 사이 공간의 발육 부전이 원인이지요.

테리어종의 경우 수정체 탈구가 잘 일어나는데 이로 인해 녹내장이 종종 발생합니다.

녹내장의 증상은 무엇일까요?

초기에는 눈의 통증으로 눈을 가늘게 뜨거나 눈물을 흘리고, 눈 주변을 비비거나 문지르며, 동공이 확대되고 빛에 반응하지 않습니다. 각막이 붓거나 하얗게 되고, 충혈되며 한쪽 눈이 더 커지거나 돌출되기도 합니다.

눈의 압력이 높아지면 심한 통증과 두통이 유발되는데, 강아지들의 경우 사람보다 안압이 더 높아질 수 있으므로 통증은 사람보다 더 심한 것으로 여겨집니다. 이러한 통증으로 인해 무기력하고 움직이기 싫어하며 식욕이 저하되고 성격이 예민해지기도 합니다.

슬개골 탈구

슬개골 탈구는 강아지의 양쪽 뒷다리에 있는 무릎을 덮는 뼈인 슬개골이 무릎 관절의 안쪽이나 바깥쪽으로 빠지는 상태를 말합니다. 흔히 관절 질환은 대형견종에 생기는 것으로 생각되지만 슬개골 탈구는 소형견종에서 더 많이 발생하는 질환입니다. 선천적으로 슬개골이 약한 경우도 있고 후천적으로 탈구가 진행되는 경우도 있습니다.

슬개골 탈구는 4단계로 나누는데 1단계가 가장 가벼운 단계이고 4단계가 가장 심한 단계입니다.

슬개골 탈구의 진단은 수의사의 촉진과

!

엑스레이 촬영으로 가능합니다.

1단계 슬개골이 무릎 관절 내에 잘 위치하고 있지만 손으로 밀었을 때 탈구될 정도로 약한 상태

2단계 슬개골이 스스로 빠졌다가 다시 스스로 들어가기도 하고, 손을 이용해 제자리로 밀면 원래의 위치로 잘 들어가는 상태

3단계 슬개골이 스스로 제자리에 돌아오지 않고 항상 빠져 있는 상태이긴 하지만 손으로 밀면 제자리로 들어갈 수 있는 상태

4단계 슬개골을 손으로 밀었을 때 제자리로 돌릴 수 없고 장기간의 탈구로 인해 다리가 휘어 있는 상태

슬개골 탈구나 고관절에 이상이 생기면 대부분의 강아지들이 잘 걷거나 뛰다가 한쪽 다리를 들고 있는 증상을 보입니다.

아파트에서 지내는 개들은 미끄러운 바닥 때문에

슬개골 탈구가 더 심해지기도 합니다.

반려견이 비만일 경우 슬개골 탈구가 심해질 수 있기 때문에 체중 관리에 신경 써야 합니다.

전십자인대 단열은 외상이나 만성 퇴행성 질환으로 인대가 부분적 혹은 완전히 파열되는 것입니다. 이때 강아지는 뒷다리를 절거나 통증을 호소하게 됩니다. 3~5일 후 통증이 감소되기도 하지만 장기간 다리를 절고, 손상 2~4주 후까지도 다리 딛는 것을 힘들어합니다. 지속적으로 다리를 절거나 아파한다면 인대 손상 시 내측 반월판이 같이 손상되었을 가능성을 의심해보아야 합니다.

전십자인대 단열은 슬개골 탈구를 오랫동안 방치해

퇴행성으로 발생하는 경우가 많습니다.

체중 감량과 물리 치료, 병원 치료를 통해 슬개골 탈구를 초기에 관리해야

전십자인대 단열을 막을 수 있습니다.

드물지만 가정식이나 사람 음식 섭취로 인한 영양 결핍이 원인인 경우도 있으므로 관절에 이상이 있거나 예방이 필요한 경우에는 수의사에게 처방받은 관절 처방식을 급여합니다.

저혈당증

저혈당증은 혈액 내 당 수치가 내려가는 것으로 질병에 걸린 강아지의 활력 수준과 대부분 관련이 있습니다. 당은 포도당의 형태로 흡수되어 강아지의 몸 전체에 에너지를 공급하기 때문이지요. 혈당치가 낮아지면 뇌의 기능에 장기간 영향을 미치게 됩니다. 나아가 저혈당증이 심해지면 통증, 발작, 의식 저하 증상이 나타나고, 심한 경우 죽음에 이르기도 합니다.

저혈당증은 가벼운 증상으로 시작되지만 치료하지 않고 방치하는 경우 심각한 단계로 발전할 수 있습니다. 증상이 경미하게 생겼다 사라지더라도 이후 지속적으로 발생해 심각한 상태에 이르기도 합니다.

저혈당증의 증상은 무엇일까요?

기면, 자극에 둔감하거나 느리게 반응함, 보행 실조, 음수 과다, 배뇨 과다, 체중 증가, 근육 경련, 떠는 증상, 불규칙적인 심박 및 호흡, 뒷다리 마비, 발작, 실명, 의식 불명 등이 있습니다.

저혈당증의 원인은 무엇일까요?

저혈당증은 혈액 내에서 당분이 소실되거나 음식으로부터 적절한 당을 섭취하지 못했을 때, 간에 저장되는 글리코겐으로부터 포도당 생산이 저하되었을 때 발생합니다.

① 지나친 운동
② 영양 결핍, 기아
③ 강아지에게 음식을 너무 늦게 줄 때
④ 인슐린 과다 투여
⑤ 인공 감미료 섭취
⑥ 부동액 중독
⑦ 임신 중 당의 사용이 과도할 때
⑧ 간문맥 션트
⑨ 애디슨병
⑩ 패혈증
⑪ 간염
⑫ 췌장암

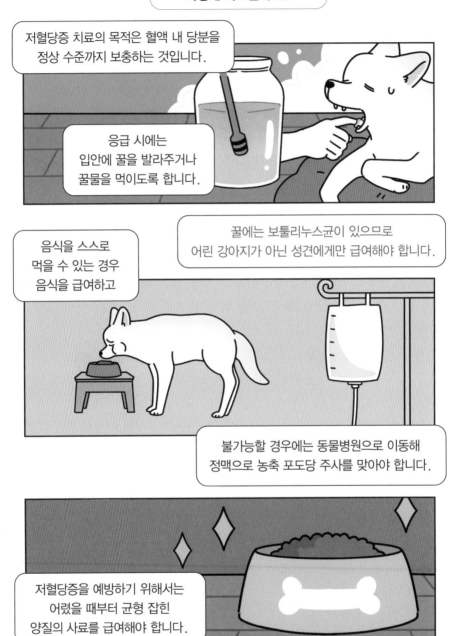

어떻게 치료할까요?

저혈당증 치료의 목적은 혈액 내 당분을
정상 수준까지 보충하는 것입니다.

응급 시에는
입안에 꿀을 발라주거나
꿀물을 먹이도록 합니다.

꿀에는 보툴리누스균이 있으므로
어린 강아지가 아닌 성견에게만 급여해야 합니다.

음식을 스스로
먹을 수 있는 경우
음식을 급여하고

불가능할 경우에는 동물병원으로 이동해
정맥으로 농축 포도당 주사를 맞아야 합니다.

저혈당증을 예방하기 위해서는
어렸을 때부터 균형 잡힌
양질의 사료를 급여해야 합니다.

옴

강아지들은 지역이나 기후에 무관하게 옴과 같은 전염성 기생충에 감염될 수 있습니다. 감염 후 잠복기는 10일에서 8주 정도이지만 감염 직후에도 간지러움의 증상은 나타날 수 있습니다. 2차 감염이 쉽게 퍼질 수 있으므로 감염 시 빠르게 치료를 받아야 합니다.

옴진드기는 전염성이 강하고 피부에서 생활하므로 강한 소양감가려운 느낌을 유발합니다. 치료하지 않고 심해지면 피부가 붓고 두터워지며, 울 정도로 아파하기도 합니다.

옴진드기에 감염되면 어떤 증상이 생길까요?

옴진드기의 감염 증상은 대개 갑자기 심하게 긁는 것입니다. 이때 바로 수의사의 진찰을 받아야 합니다. 옴진드기는 다른 동물이나 사람에게 감염될 수 있고, 개의 옴이 사람의 몸에서 사멸할 때까지 5일 정도는 사람에게 심한 가려움증이 유발될 수 있습니다. 다른 증상으로는 피부의 발적, 염증, 귀 끝과 팔꿈치 그리고 다리의 탈모와 각질, 스스로를 깨무는 행동, 출혈, 딱지들이 솟아오른 부위를 아파하는 증상, 감염 부위의 악취, 2차적인 세균과 곰팡이 감염을 들 수 있고, 치료하지 않으면 전신으로 감염되며 중증 상태가 되면 시력과 청력의 이상, 식욕과 체중의 저하까지 나타납니다.

옴진드기는 전염이 아주 빠르고 쉽기 때문에 감염이 의심되는 경우에는

주변의 모든 사람과 동물 들과의 접촉을 피하고 격리해야 합니다.

피부 사상균증 (링 웜)

　　피부 사상균증은 사람, 개, 고양이에서 전염성이 강한 곰팡이성 피부 질환입니다. 링 웜이라고도 부르는데 기생충에 감염되는 것은 아닙니다. 곰팡이 포자는 감염된 동물에서 떨어져 18개월 이상 생존할 수 있으며 피부 사상균증 곰팡이는 덥고 습한 환경에서 더 흔합니다.

　　피부 사상균증 곰팡이는 털, 발톱, 피부의 제일 바깥층에 있는 케라틴을 먹고 살며 강아지는 모낭 부위에 주로 감염이 됩니다. 이 곰팡이는 피부에 근접한 부위의 털을 부서지게 만들고 원형 탈모를 만들며 곰팡이가 전신에 퍼지면 병변은 불규칙한 모양이 됩니다.

　　피부 사상균증은 대개 가려움증을 유발하지는 않지만 병변을 강아지가 핥는 경우에 통증을 유발할 수 있습니다. 일부 강아지에게는 증상이 없을 수도 있는데 이때는 보균하면서 다른 동물이나 사람에게 전염시킬 수 있습니다.

피부 사상균증의 증상은 무엇일까요?

피부, 털, 발톱 제일 바깥층이 곰팡이에 감염되므로 부어오르는 원형의 홍반과 탈모, 비듬과 각질, 건조하고 부서지기 쉬운 발톱, 2차적인 세균 감염에 의한 피부 농포 등의 증상이 생깁니다. 증상은 감염 후 4~14일 이내에 나타납니다.

곰팡이 포자가 침구류와 빗 등에 떨어져

사람이나 다른 동물에 전염될 수 있으므로 환경을 자주 소독해야 합니다.

공기청정기의 경우 필터를 자주 교체해야 하며

감염된 개는 전염성이 없다는 판정이 나올 때까지 격리합니다.

모낭충증은 데모덱스라는 기생충에 의해 발생하는 염증성 질환입니다. 강아지가 태어나서 어미의 젖을 빨기 시작하면 어미로부터 감염이 되고 이후 기생충이 강아지들의 피부와 모낭에서 살게 됩니다. 적은 수의 개체들로는 질병을 유발하지 않지만 면역 기능이 저하되면 수가 급격히 증가하면서 질병을 유발하게 됩니다.

모낭충증의 증상은 무엇일까요?

얼굴, 몸통, 다리 등 몸의 일부 혹은 전신에 걸쳐 피부 감염, 발적, 각질 그리고 탈모가 발생합니다.

어떤 견종에서 많이 발생할까요?

도베르만, 그레이트데인, 치와와, 올드잉글리시쉽독에서 더 잘 발생하는 것으로 알려져 있습니다.

사람이나 고양이에게 전염되지는 않으며

정기적인 외부 기생충 예방약 사용이 모낭충증을 예방하는 데 가장 효과적입니다.

음식 알레르기

　　알레르기를 갖고 있는 강아지들의 10퍼센트 정도는 음식 알레르기를 갖고 있습니다. 음식 알레르기는 유전적인 문제로, 알레르기가 있는 음식에 노출되었을 때 증상이 심하게 나타납니다.

　　장은 체내에서 가장 큰 면역 기구인데 어린 강아지가 항생제 치료를 받은 경우 장내 환경에 변화가 생겨 장내 정상 미생물총의 밸런스가 깨져서 음식 알레르기가 발생하기도 합니다. 소고기, 밀, 달걀, 닭고기, 양고기, 콩, 돼지고기, 생선류 등이 흔한 알레르기원이 될 수 있으며 대부분의 강아지가 한 가지 이상의 알레르기 반응을 가지고 있습니다.

음식 알레르기의 증상은 무엇일까요?

만성 귀 염증, 만성 설사나 가스가 많이 차는 증상, 발을 핥는 증상 등입니다.

어떤 견종에서 많이 발생할까요?

음식 알레르기는 레트리버, 닥스훈트, 셰퍼드, 코커스패니얼에게서 조금 더 흔하게 발생합니다.

음식 알레르기 진단으로는 급여하던 모든 음식을 끊고

이전에 급여한 적 없는 사료 중에서 저알레르기용 처방식을 3개월 정도 급여하며 재발을 관찰하는 방법을 사용합니다.

아토피 피부염은 일상생활 공간을 비롯한 주변 환경에 존재하는 다양한 물질들에 대해서 면역 글로불린의 생산이 증가되는 과민 반응을 말합니다. 동물의 비듬, 꽃가루, 집먼지진드기, 곰팡이 포자와 같은 알레르겐알레르기 원인 물질이 그 원인이며 3개월령에서 6년령 사이에 증상이 나타날 수 있습니다. 어렸을 때는 증상이 경미하게 나타나다가 1~3년령에 주로 증상이 나타납니다.

아토피 피부염의 증상은 무엇일까요?

아토피가 있는 강아지들은 재채기를 하고 눈물을 흘리기도 하며 발, 얼굴, 몸의 뒷부분 등을 문지르거나 핥고, 씹거나 긁습니다. 이러한 가려움증으로 인해 탈모, 피부 발적, 피부의 비후두꺼워짐와 같은 증상이 나타납니다. 피부와 귀 그리고 항문낭과 같은 곳에는 재발성의 염증과 감염이 일어날 수 있으며, 벼룩이나 세균 그리고 곰팡이와 같은 감염이 같이 발생하면 긁는 증상이 더 심해지므로 평상시에 외부 기생충 예방과 위생 관리에 주의를 기울여야 합니다.

어떤 견종에서 많이 발생할까요?

아토피성 피부염은 골든레트리버, 래브라도레트리버, 웨스트하일랜드 화이트테리어와 그 외 테리어종, 불독 등에서 흔히 발생하며 수컷보다 암컷 강아지에서 더 잘 발생합니다.

말라세치아
피부염

말라세치아는 개들의 피부와 귀에서 발견되는 효모균입니다. 정상적으로 체내에 분포하기도 하지만 비정상적으로 과증식하게 되면 피부염이나 염증을 유발합니다. 고온 다습한 환경, 감염, 음식이나 외부 기생충에 의한 알레르기, 유전적인 소인, 기저 질환 등에 의해서 발병 빈도가 증가하는 것으로 알려져 있습니다.

말라세치아 피부염의 증상은 무엇일까요?

말라세치아 피부염의 발병 증상은 피부 자극, 탈모, 번들거림, 비듬, 발적, 냄새 나는 분비물, 피부가 두꺼워지면서 갈라진 것처럼 보이는 태선화 등입니다.

어떤 견종에서 많이 발생할까요?

모든 견종에서 발생 가능하지만, 푸들, 바셋하운드, 웨스트하일랜드 화이트테리어에서 조금 더 흔하게 발생합니다.

말라세치아 피부염은 재발되기 쉬우므로

기저 질환에 대한 치료를 가볍게 여기면 안 됩니다.

외이염

외이염은 귓속의 고막에서 제일 바깥쪽에 위치한 이도귓구멍의 입구 부분과 귓바퀴를 포함하는 부분에 염증이 생긴 상태를 말합니다. 외이염은 급성 혹은 만성으로도 발생하며, 양쪽 혹은 한쪽 귀에만 발생하기도 합니다.

외이염의 원인은 무척 다양합니다.

① 구조적인 문제: 귀가 크고 펄럭이는 개들에게서 더 흔합니다. 대표적으로 코커스패니얼이 있습니다.

② 세균 감염

③ 효모균 증식: 다른 문제에 의해 속발성으로 발생할 수 있습니다.

④ 귀 진드기: 특히 강아지에서 주로 발생하며 서로 전염이 됩니다.

⑤ 알레르기

⑥ 해부학적인 이상: 피부에 주름이 있거나 이도 입구가 좁은 경우 등

⑦ 자가 손상: 귀를 문지르거나 긁어서 상처가 생겼을 때

⑧ 이물질: 습기, 풀씨, 털, 분비물 등

⑨ 호르몬 장애: 갑상샘 저하증, 쿠싱병

애디슨병 광물 코르티코이드와 당질 코르티코이드는 부신에서 정상적으로 생성되는 호르몬이고 부신은 신장에 인접해 있습니다. 이 두 호르몬은 체내에서 건강을 유지하는 데 매우 중요한 기능을 하며 비정상적으로 증가하거나 감소하는 경우에는 심각한 질병 상황이 유발됩니다. 부신피질기능저하증이하 애디슨병은 당질과 광물 코르티코이드 두 가지 호르몬 생성이 저하된 상태입니다.

애디슨병의 증상은 무엇일까요?

① 기력 없음
② 식욕 저하
③ 구토
④ 체중 감소
⑤ 설사
⑥ 떠는 증상
⑦ 다뇨소변을 자주 봄
⑧ 다음음수량 증가

⑨ 탈수
⑩ 약한 맥박
⑪ 실신
⑫ 저체온증
⑬ 혈변
⑭ 복통
⑮ 탈모

어떤 견종에서 많이 발생할까요?

어린 강아지부터 중년령, 암컷 강아지에게 더 잘 발생하며, 스탠더드푸들, 웨스트하일랜드 화이트테리어, 로트바일러, 휘튼테리어, 비어디드콜리에게 잘 발생합니다. 국내에서는 말티즈, 포메라니안, 시츄 등에서 종종 볼 수 있습니다.

뒷다리 대퇴골 머리 부분이 자연적으로 퇴행성 변화를 일으켜 뼈가 부러지고 관절염이 유발된 상태를 말합니다.

고관절 허혈성 괴사의 증상은 무엇일까요?

보행 장애, 기립 시 이상, 계단 보행 시 이상, 한쪽 다리를 들고 한 다리로만 서는 증상, 엉덩이 관절을 만질 때 아파하는 증상이 나타날 수 있습니다. 질환 부위의 근육량이 감소되기도 합니다.

어떤 견종에서 많이 발생할까요?

고관절 허혈성 괴사는 어린 동물, 웨스트하일랜드 화이트테리어, 케언테리어, 스코티시테리어, 토이푸들, 미니핀과 같은 견종에서 특히 잘 발생하며 암수 무관하게 5~8개월령에 전형적으로 발견됩니다.

수술 후의 회복은
보행, 수영, 침, 물리 치료와 같은
재활 치료가 많은 도움이 되개!

**면역 매개성
혈소판 감소증**

혈소판 감소증은 후천적 지혈 장애 중 제일 흔한 질환이며 면역 매개성 혈소판 감소증이 중증 혈소판 감소증의 가장 흔한 원인입니다. 면역 매개성 혈소판 감소증은 비장과 간에 있는 대식 세포에 의해서 항체와 결합된 혈소판이 조기에 파괴되는 상태를 말합니다. 혈소판은 지혈 역할을 합니다.

30퍼센트의 강아지에게서 면역 매개성 용혈성 빈혈과 면역 매개성 혈소판 감소증이 동시에 발생했습니다.

혈소판 감소증의 증상은 무엇일까요?

임상 증상으로는 눈의 공막과 망막 출혈, 토혈, 생식기 출혈, 비출혈코피, 혈변, 피부 밑에 출혈이 있을 때 나타나는 자주색 반점, 혈뇨, 잇몸 출혈, 기력 부진이 있으며, 혈소판 수치가 1마이크로리터당 3만~4만 이하일 때는 외부 자극이 없어도 자발성 출혈이 일어날 수 있습니다.

용혈성 빈혈이 동반되거나 실혈로 인해 빈혈이 발생하기도 하고 발열 증상이 나타나며 비장이나 간이 커질 수 있고, 에를리키아증의 경우에는 2차적으로 임파선 종대가 나타나기도 합니다.

어떤 견종에서 많이 발생할까요?

혈소판 감소증은 전 연령의 강아지에게서 보고된 바 있으며 80퍼센트가 6년령 이하였다는 연구 결과가 있습니다. 믹스견을 포함해 견종을 불문하고 모두에게 발생했으나 코커스패니얼, 푸들, 올드잉글리시쉽독, 저먼셰퍼드에서 유전적 이상으로 더 잘 발생하는 것으로 보고 있습니다.

부록

알아두면 도움 되는 꿀팁

보호자가 물렸을 때는 어떻게 해야 할까요?

강아지 약 먹이는 방법

그림으로 알아보는 강아지가 먹어도 되는 음식

그림으로 알아보는 강아지가 먹으면 안 되는 음식

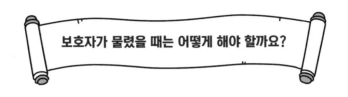

반려견에게 물렸을 때는 안전을 가장 최우선으로 생각하며 침착하게 행동해야
합니다.

물린 상황에서 말이나 행동으로 강아지를 꾸짖으면

반려견들이 보호자의 행동을 공격적으로 받아들여 상황이 더 나빠질 수 있습니다.

반려견을 집 안의 분리된 공간으로 이동시킨 뒤

보호자와 반려견 모두 진정할 시간을 갖습니다.

반려견을 직접 다른 공간으로 이동시킬 수 없을 때는

보호자가 자리를 피하거나

블라인드 등으로 서로가
분리되는 것이 좋습니다.

그리고 물린 상처가 병원에
가야 하는 정도인지 확인하고

적절한 조치를 취합니다.

강아지가 통증을 느끼는 부위를 만져서
보호자를 물었을 수도 있어요.

- 물린 정도가 어느 정도인가요?

- 어느 부위를 물렸나요?

- 어느 장소에서 물렸나요?

- 다른 개, 다른 사람, 다른 동물 때문에 물렸나요?

- 물렸을 때 어떤 일을 하고 있었나요?

- 강아지가 질병으로 인해 먹고 있는 약이 있거나 통증을 유발하는 상처,
  행동의 변화가 있었나요?

- 물리기까지 일련의 과정은 어땠나요?

- 물리고 나서 강아지가 먼저 입을 떼었는지,
  보호자가 물건을 이용해서 입을 떼었는지,
  다른 사람이 도와주어서 입을 떼었는지,
  다른 공간에 문을 닫아 격리되면서 입을 떼었는지 파악해봅니다.

위의 여덟 가지 상황을 파악하면 다시 강아지에게 물리는 일이 발생하지 않도록 도움을 줄 수 있습니다. 예를 들어서 잠을 자고 있는 강아지를 만져서 물렸다면 앞으로 강아지가 자고 있거나 누워 있을 때 만지지 않음으로써 물릴 가능성을 낮출 수 있습니다. 강아지가 방해받지 않고 수면을 취할 수 있는 침대나 크레이트 켄넬, 이동장 같은 별도의 공간을 조용한 위치에 마련해줍니다. 보호자와 반려견이 같은 침대에서 자는 것은 금물입니다. 정도가 점점 심해지거나 계속되면 반려견 훈련사나 수의사 등 전문가를 찾아야 합니다.

어린 강아지들의 경우 사람의 손이나 발을 무는 행동을 자주 하는데 이는 대부분 강아지들의 자연스러운 성장 과정 중 하나입니다.

강아지가 이갈이를 시작하면 뭔가 물고자 하는 욕구가 생기는데 형제나 보호자를 통해 무는 행동이 얼마나 아픈 것인지 배워가게 됩니다. 이 시기에 무는 행동을 교정해야 앞으로도 물지 않도록 예방할 수 있습니다.

물지 않게 하려면 어떻게 해야 할까요?

1. 표현하기

강아지가 사람의 손가락이나 손을 너무 꽉 물면

낑!!

아파하는 시늉을 하며 낑낑거리는 듯한 소리를 흉내 냅니다.

15분 이내에 3회 이상 반복하지 않도록 하고

강아지가 물기를 그만두면 10~20초 정도 못 본 척했다가 다시 놀아줍니다.

강아지에게 물렸다고 해서
도망가버리면

강아지는 그 상황을 놀이나
사냥처럼 받아들일 수 있으므로

차분하게 행동하여 강아지가
흥분하지 않게 합니다.

2. 재설정 교육

강아지가 물려는 시도를 할 때 물지 못하게 손을 치우고

장난감으로 주의를 돌려
사물을 물고 놀도록
재설정하는 교육을 합니다.

성견이
물었을 때의
원인

1. 어미로서의 본능

새끼 강아지와 함께 있는 어미 개는 새끼들이 어느 정도 자라 사람들 곁에서 적응하기 전까지는 보호자가 자신의 영역에 접근할 때 보호자를 물 수 있습니다. 그러므로 출산한 어미 개의 경우 고유의 영역을 침범받지 않으면서 새끼들을 직접 돌볼 수 있게 해주어야 합니다.

2. 통증

개들은 사람이 아픈 곳을 만지면 방어의 행동으로 물 수 있습니다. 어떤 부위를 만졌을 때 유난히 공격성을 드러낸다면 동물병원에 가서 아픈 곳이 있는지 확인해 볼 필요가 있습니다.

3. 공포

개가 사람을 무서워해서 물었다면 상호 신뢰 관계가 형성되지 않았기 때문입니다. 사람이 갑작스럽게 개를 향해 다가왔다거나 개가 자고 있을 때 너무 가까이 접근하는 경우 놀라서 물 수 있습니다. 상호 신뢰를 쌓지 않으면 개의 불안감이 더 커져서 종종 무는 경우가 발생할 수 있으며, 가족 외에 다른 사람도 물 수 있습니다.

반려견과 신뢰를 쌓는 가장 좋은 방법은 함께 산책하는 것입니다.

함께하는 산책은 반려견으로 하여금 보호자를 믿고 신뢰하게 만들며 유대를 강화시켜줍니다.

편안한 산책에 익숙해지면 새로운 환경과 다른 강아지, 다른 사람 들과 접촉을 시도해볼 수 있으며

이때 긍정적 감정이 쌓이면 공포감이 감소될 수 있습니다.

4. 소유 본능

개에게서 장난감이나 음식 등을 가져가려 할 때 무는 행위는 지배나 방어 기전으로 발생하는데, 교정되지 않는 경우에는 공격성으로 변화될 수 있습니다.

좋아하는 음식, 물, 간식, 장난감 등의 흥미로운 요소들을 보호자와 소통하며 얻을 수 있는 보상으로 여기도록 교육함으로써 교정할 수 있습니다.

'기다려' 훈련을 통해 소유 본능으로 인한 무는 행위를 줄여나갈 수 있습니다.

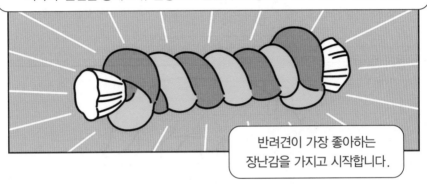

반려견이 가장 좋아하는
장난감을 가지고 시작합니다.

강아지가 장난감을 물고 있는 동안 간식을 주면서 '기다려'라고 말합니다.

강아지는 간식을 먹기 위해 장난감을 바닥에 놓고
간식으로 주의를 돌리게 됩니다.

이를 반복하면서 나중에는
'기다려'라고 말하며 간식을 주고
강아지가 장난감을 바닥에 두면

장난감을 회수합니다.

마침내 강아지가 장난감을 물고 있을 때

'기다려'라고 말하면
강아지가 장난감을 놓게 됩니다.

'기다려'라는 말을 따르면

기다려

긍정적인 보상이 생긴다는 것을
강아지가 학습하게 해주세요.

강아지 약 먹이는 방법

강아지 약 먹이는 방법을 알아보개!

약 먹기 싫개…

강아지에게 알약을 먹일 때는

두 명이 함께 시도하는 편이 좋습니다.

한 명이 강아지의 입을 잡아 아래위로 벌리면

다른 한 명은 알약을 집어 강아지 목구멍 쪽까지 밀어 넣습니다.

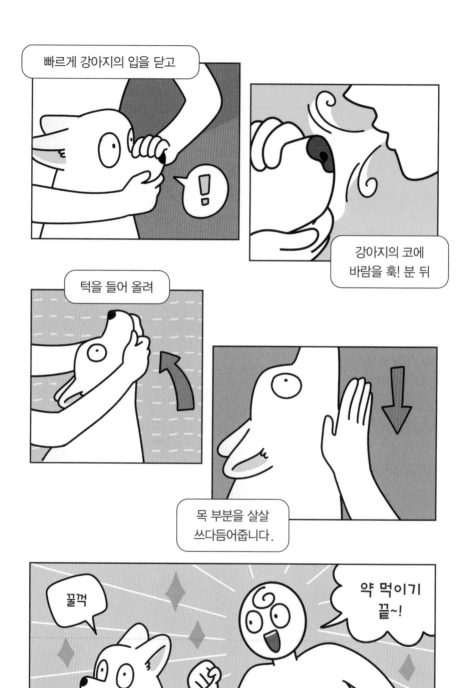

그림으로 알아보는 강아지가 먹어도 되는 음식

급여 가능한 음식이라도 조금씩 급여해서 체중 증가를 피하고,

다른 부작용이나 음식 알레르기가 없는지 확인해야 하개!

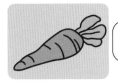

당근

생것과 익힌 것 모두 안전하고 칼로리가 낮아 비타민, 미네랄, 식이 섬유의 좋은 공급원이 되나 작은 크기로 급여해야 질식을 예방할 수 있습니다.

버섯

식료품점에서 구매한 일반 버섯은 익힌 후 급여합니다. 야생 버섯은 독이 있어 위험합니다.

감자

익히지 않은 감자는 솔라닌이라는 독소를 함유하고 있으므로 반드시 익혀서 급여하며 소량 급여로 비만을 피합니다.

셀러리

칼로리가 낮고 비타민과 미네랄 공급원으로 좋습니다. 소화를 돕고 질식을 예방하기 위해 작은 크기로 잘라 급여합니다.

파인애플

소량 급여하는 것이 안전하며, 비타민, 미네랄, 섬유질 공급원으로 좋습니다. 과다 섭취 시 구역질, 설사를 유발할 수 있습니다.

바나나

섬유질, 비타민, 미네랄이 풍부합니다. 소형견이라면 하루 1/3개, 대형견이라면 하루 한 개 이상 급여하지 않습니다.

딸기

칼로리가 낮고 항산화제, 섬유질 등 영양소가 풍부합니다. 작은 크기로 급여해 질식을 예방합니다.

오렌지

소량 급여하는 것이 좋으며 저칼로리 고영양식이지만 과다 섭취 시에는 구토를 일으킬 수 있습니다.

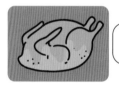

칠면조 고기

뼈와 껍질을 제거하고 급여합니다.

쌀, 현미

소화에 도움이 됩니다. 닭고기나 칠면조 등의 육류와 같이 급여합니다.

 소고기
단백질, 비타민, 미네랄 공급원으로 좋습니다.

 완두콩
저칼로리 고영양식이지만 캔으로 나오는 제품은 소금에 절인 것이 많으므로 직접 조리해서 급여하는 것이 좋습니다.

 옥수수
비타민과 미네랄의 공급원이 됩니다. 하루 두 스푼 정도만 급여하되 반드시 낱알만 떼어 급여합니다. 옥수수 속은 질식이나 장 폐쇄를 유발합니다.

 오트밀
섬유질이 많고 비타민과 미네랄도 함유하고 있으나 적정량만 급여해 체중 증가를 예방합니다. 또한 조미되지 않은 것을 급여해야 합니다.

 삶은 달걀
비타민, 미네랄, 단백질 공급원으로 좋습니다. 날달걀은 살모넬라균 감염의 위험이 있으므로 급여하지 않습니다.

 연어
오메가-3 지방산의 좋은 공급원입니다. 뼈를 제거하고 익힌 상태로 급여하며 날것은 기생충 감염의 우려가 있으므로 급여하지 않습니다.

 블루베리

항산화제, 비타민, 미네랄, 섬유질이 풍부하고 칼로리가 낮습니다.

 브로콜리

생것과 익힌 것 모두 급여 가능하며, 저칼로리이지만 다량 섭취 시에는 이소티오시 아네이트류 성분이 위장을 자극하므로 간헐적으로만 급여해야 합니다.

 돼지고기

조미료 없이 익힌 고기만 급여하며, 지방을 과다 섭취하면 소화 불량이나 급성 췌장염의 위험이 있으므로 비계를 떼어 내고 소량 급여합니다.

 닭고기

단백질 공급원으로 좋습니다. 닭고기의 뼈는 장 천공이나 질식을 유발하므로 반드시 뼈를 제거하고 익혀서 급여합니다.

 블랙베리

생것과 냉동 모두 급여 가능하며 항산화제, 비타민, 미네랄, 섬유질 공급원으로 좋지만 소량씩만 급여합니다.

 코코넛

고지방 고칼로리이므로 소량 급여해 비만에 유의합니다. 소형견은 하루 1/4스푼 이하로 급여합니다.

사과

비타민, 미네랄, 항산화제 공급원으로 좋으며 섬유질이 많아 소화에 도움이 됩니다. 얇게 썰어 급여하고, 씨앗은 시아나이드를 함유하고 있어 다량 섭취 시 중독되므로 주의해야 합니다. 사과 속 또한 장 폐쇄를 유발하므로 주의를 요합니다.

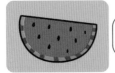

수박

저칼로리 식품으로 급여 가능하지만 껍질과 씨를 제거하고 줍니다.

고구마

비타민A가 풍부한 식품입니다. 소량씩 사료와 같이 급여 가능하지만 칼륨이 많이 함유되어 있기 때문에 신장병이나 심장병이 있는 강아지에게는 주의해서 급여합니다.

망고

비타민, 미네랄, 섬유질을 제공합니다. 껍질은 소화하기 힘들므로 제거한 후 급여하고, 망고 속 또한 질식을 유발할 수 있으므로 주의를 요합니다.

새우

단백질 공급원으로 좋으며 비타민과 미네랄도 함유하고 있습니다. 날것은 세균 감염의 위험이 있으니 익혀서 급여하고, 껍질과 머리는 반드시 제거합니다.

배

배의 달콤한 맛을 좋아하는 강아지가 많으므로 너무 양껏 먹어 당분을 많이 섭취하지 않도록 주의합니다. 배 씨앗에는 시안화물 성분이 있으니 가운데 심 부분과 씨앗은 꼭 제거하고 소량 급여합니다.

좋은 음식도
과도하게 먹으면 독이 되는 법!
제한적으로 급여해야 하는
음식들을 몇 가지 알아보개.

꿀

당분이 많아 비만을 유발하므로 제한 급여
합니다. 어린 강아지에게 급여하면 꿀에 들어
있는 보툴리누스균의 중독 증상이 일어날 수
있습니다.

우유

유당 불내성으로 과다 섭취 시 구토, 설사,
복통을 유발할 수 있습니다.

토마토

익은 토마토만 소량 급여합니다. 녹색의
익지 않은 토마토는 솔라닌을 함유하고 있어
다량 섭취 시 구토, 심박수 증가, 근육 쇠약,
호흡 곤란을 유발할 수 있습니다.

치즈

자연 치즈로 분류되는 코티지치즈와 리코타
치즈 등은 비교적 지방과 염분이 적기 때문에
강아지에게 급여할 수 있습니다. 염분과
첨가물에 주의하고, 과다 섭취 시 설사와
복통을 유발할 수 있으니 주의해야 합니다.

그림으로 알아보는 강아지가 먹으면 안 되는 음식

강아지와 사람은 음식을 대사하는 방법이 다르개! 사람에게는 안전한 음식이 강아지들을 죽음에 이르게까지 할 수도 있개!

강아지에게 절대 급여하면 안 되는 위험한 음식을 같이 알아보개!

포도와 건포도

급성 신부전으로 사망할 수 있으므로 극도의 주의를 요합니다.

초콜릿

테오브로민과 카페인이 심장에 이상을 유발해 죽음에 이르게도 합니다. 다크 초콜릿, 코코아 파우더, 무가당 제품이 밀크 초콜릿보다 더 위험합니다.

마카다미아 너트

소량 섭취로도 구토, 떨림, 고체온증 등이 유발되고 췌장염에 이를 수 있습니다.

양파

주스, 파우더, 잎 등 모든 형태의 양파는 적혈구를 파괴해 빈혈을 유발합니다. 심한 경우 수혈을 해야 합니다.

아보카도

퍼신이라는 독소를 함유하고 있어 폐에 물이 차는 증세 등으로 호흡 곤란 및 죽음을 유발할 수 있습니다. 씨, 과육, 잎, 껍질 모두 독소를 함유하고 있습니다.

커피와 차

카페인이 신경계에 중독 작용을 유발하면 흥분, 구토, 설사, 심박수 증가, 발작이 나타나고 심한 경우 죽음에 이르기도 합니다.

마늘

티오황산염이라는 독소가 적혈구를 파괴해 빈혈, 구토, 설사를 유발하고 심한 경우 수혈이 필요합니다.

자일리톨

혈당치를 급격하게 떨어뜨리고 간 손상을 일으켜 심한 경우 죽음에 이를 수 있습니다.

알코올

에탄올 중독으로 구토, 설사, 보행 실조, 발작, 폐 부전, 심장 발작, 코마가 일어날 수 있으며 심한 경우 죽음에 이를 수 있습니다. 술 및 알코올이 포함된 향수, 구강 청결제, 세정액 등에 동물이 접근하지 않도록 관리에 유의해야 합니다.

 레몬, 라임 껍질에 독성 물질인 소랄렌을 함유하고 있어 구토와 설사, 근진전, 간 부전, 보행 이상 등을 야기하며 과다 섭취 시 죽음에 이를 수 있습니다.

 아몬드 청산을 생성하는 아미그달린을 함유하고 있어 중독 시 구토, 복통, 청색증, 발작, 근육 이완, 배뇨실금, 코마가 나타날 수 있습니다.

 알로에 바발로인이라는 성분이 함유되어 있어 중독되면 설사 증세를 보입니다.

언제나 새로운 식품을 급여하기 전 잘 알아보고,

어렵다면 강아지 전용 식품들을 급여해주개!

글·그림 | 홍끼
정보 | 한준근(분당 펫토피아동물병원 원장)

초판 1쇄 인쇄일 2020년 7월 20일
초판 1쇄 발행일 2020년 8월 3일

발행인 | 한상준
편집 | 김민정·강탁준·손지원·송승민
디자인 | 김경희·김미숙
마케팅 | 강점원
관리 | 김혜진
종이 | 화인페이퍼
제작 | 제이오

발행처 | 비아북(ViaBook Publisher)
출판등록 | 제313-2007-218호(2007년 11월 2일)
주소 | 서울시 마포구 월드컵북로 6길 97(연남동 567-40 2층)
전화 | 02-334-6123 전자우편 | crm@viabook.kr
홈페이지 | viabook.kr

ⓒ 홍끼·한준근, 2020
ISBN 979-11-89426-88-0 03520